Biologie Band 2
Genetik, Mikrobiologie und Ökologie

2. aktualisierte Auflage

Für Muriel

www.medi-learn.de

Autor: Sebastian Huss

Herausgeber:
MEDI-LEARN
Bahnhofstraße 26b, 35037 Marburg/Lahn

Herstellung:
MEDI-LEARN Kiel
Olbrichtweg 11, 24145 Kiel
Tel: 04 31/780 25-0, Fax: 04 31/780 25-27
E-Mail: redaktion@medi-learn.de, www.medi-learn.de

Verlagsredaktion: Dr. Waltraud Haberberger, Jens Plasger, Christian Weier, Tobias Happ
Fachlicher Beirat: Jens-Peter Reese
Lektorat: Thomas Brockfeld, Jan-Peter Wulf, Almut Hahn-Mieth
Grafiker: Irina Kart, Dr. Günter Körtner, Alexander Dospil, Christine Marx
Layout und Satz: Kjell Wierig
Illustration: Daniel Lüdeling, Rippenspreizer.com
Druck: Druckerei Wenzel, Marburg

2. Auflage 2008

Teil 2 des Biologiepaketes, nur im Paket erhältlich
ISBN-13: 978-3-938802-43-4

© 2008 MEDI-LEARN Verlag, Marburg

Das vorliegende Werk ist in all seinen Teilen urheberrechtlich geschützt. Alle Rechte sind vorbehalten, insbesondere das Recht der Übersetzung, des Vortrags, der Reproduktion, der Vervielfältigung auf fotomechanischen oder anderen Wegen und Speicherung in elektronischen Medien.
Ungeachtet der Sorgfalt, die auf die Erstellung von Texten und Abbildungen verwendet wurde, können weder Verlag noch Autor oder Herausgeber für mögliche Fehler und deren Folgen eine juristische Verantwortung oder irgendeine Haftung übernehmen.

Wichtiger Hinweis für alle Leser

Die Medizin ist als Naturwissenschaft ständigen Veränderungen und Neuerungen unterworfen. Sowohl die Forschung als auch klinische Erfahrungen führen dazu, dass der Wissensstand ständig erweitert wird. Dies gilt insbesondere für medikamentöse Therapie und andere Behandlungen. Alle Dosierungen oder Angaben in diesem Buch unterliegen diesen Veränderungen.
Obwohl das MEDI-LEARN-TEAM größte Sorgfalt in Bezug auf die Angabe von Dosierungen oder Applikationen hat walten lassen, kann es hierfür keine Gewähr übernehmen. Jeder Leser ist angehalten, durch genaue Lektüre der Beipackzettel oder Rücksprache mit einem Spezialisten zu überprüfen, ob die Dosierung oder die Applikationsdauer oder -menge zutrifft. **Jede Dosierung oder Applikation erfolgt auf eigene Gefahr des Benutzers.** Sollten Fehler auffallen, bitten wir dringend darum, uns darüber in Kenntnis zu setzen.

Vorwort

Liebe Leserinnen und Leser,

da ihr euch entschlossen habt, den steinigen Weg zum Medicus zu beschreiten, müsst ihr euch früher oder später sowohl gedanklich als auch praktisch mit den wirklich üblen Begleiterscheinungen dieses ansonsten spannenden Studiums auseinander setzen, z.B. dem Physikum.

Mit einer Durchfallquote von ca. 25% ist das Physikum die unangefochtene Nummer eins in der Hitliste der zahlreichen Selektionsmechanismen.

Grund genug für uns, euch durch die vorliegende Skriptenreihe mit insgesamt 30 Bänden fachlich und lernstrategisch unter die Arme zu greifen. Die 29 Fachbände beschäftigen sich mit den Fächern Physik, Physiologie, Chemie, Biochemie, Biologie, Histologie, Anatomie und Psychologie/Soziologie. Ein gesonderter Band der MEDI-LEARN Skriptenreihe widmet sich ausführlich den Themen Lernstrategien, MC-Techniken und Prüfungsrhetorik.

Aus unserer langjährigen Arbeit im Bereich professioneller Prüfungsvorbereitung sind uns die Probleme der Studenten im Vorfeld des Physikums bestens bekannt. Angesichts des enormen Lernstoffs ist klar, dass nicht 100% jedes Prüfungsfachs gelernt werden können. Weit weniger klar ist dagegen, wie eine Minimierung der Faktenflut bei gleichzeitiger Maximierung der Bestehenschancen zu bewerkstelligen ist.

Mit der MEDI-LEARN Skriptenreihe zur Vorbereitung auf das Physikum haben wir dieses Problem für euch gelöst. Unsere Autoren haben durch die Analyse der bisherigen Examina den examensrelevanten Stoff für jedes Prüfungsfach herausgefiltert. Auf diese Weise sind Skripte entstanden, die eine kurze und prägnante Darstellung des Prüfungsstoffs liefern.

Um auch den mündlichen Teil der Physikumsprüfung nicht aus dem Auge zu verlieren, wurden die Bände jeweils um Themen ergänzt, die für die mündliche Prüfung von Bedeutung sind.

Zusammenfassend können wir feststellen, dass die Kenntnis der in den Bänden gesammelten Fachinformationen genügt, um das Examen gut zu bestehen.

Grundsätzlich empfehlen wir, die Examensvorbereitung in drei Phasen zu gliedern. Dies setzt voraus, dass man mit der Vorbereitung schon zu Semesterbeginn (z.B. im April für das August-Examen bzw. im Oktober für das März-Examen) startet. Wenn nur die Semesterferien für die Examensvorbereitung zur Verfügung stehen, sollte direkt wie unten beschrieben mit Phase 2 begonnen werden.

- **Phase 1:** Die erste Phase der Examensvorbereitung ist der **Erarbeitung des Lernstoffs** gewidmet. Wer zu Semesterbeginn anfängt zu lernen, hat bis zur schriftlichen Prüfung je **drei Tage für die Erarbeitung jedes Skriptes** zur Verfügung. Möglicherweise werden einzelne Skripte in weniger Zeit zu bewältigen sein, dafür bleibt dann mehr Zeit für andere Themen oder Fächer. Während der Erarbeitungsphase ist es sinnvoll, einzelne Sachverhalte durch die punktuelle Lektüre eines Lehrbuchs zu ergänzen. Allerdings sollte sich diese punktuelle Lektüre an den in den Skripten dargestellten Themen orientieren!
Zur **Festigung des Gelernten** empfehlen wir, bereits in dieser ersten Lernphase **themenweise zu kreuzen**. Während der Arbeit mit dem Skript Biologie sollen z. B. beim Thema „Mutationen" auch schon Prüfungsfragen zu diesem Thema bearbeitet werden. Als Fragensammlung empfehlen wir in dieser Phase die „Schwarzen Reihen". Die jüngsten drei Examina sollten dabei jedoch ausgelassen und für den Endspurt (= Phase 3) aufgehoben werden.

- **Phase 2:** Die zweite Phase setzt mit Beginn der Semesterferien ein. Zur **Festigung und Vertiefung des Gelernten** empfehlen wir, **täglich ein Skript zu wiederholen und parallel examensweise das betreffende Fach zu kreuzen**. Während der Bearbeitung der Biologie (hierfür sind zwei bis drei Tage vorgesehen) empfehlen wir, alle Biologiefragen aus drei bis sechs Altexamina zu kreuzen. Bitte hebt euch auch hier die drei aktuellsten Examina für Phase 3 auf.

- **Phase 3:** In der dritten und letzten Lernphase sollten **die aktuellsten drei Examina tageweise gekreuzt** werden. Praktisch bedeutet dies, dass im tageweisen Wechsel Tag 1 und Tag 2 der aktuellsten Examina bearbeitet werden sollen.

www.medi-learn.de

Im Bedarfsfall können einzelne Prüfungsinhalte in den Skripten nachgeschlagen werden.

- Als **Vorbereitung auf die mündliche Prüfung** können die in den Skripten enthaltenen „Basics fürs Mündliche" wiederholt werden. Wir haben in den kleinen Fächern die Themen als Basics fürs Mündliche aufgeführt, die erfahrungsgemäß auch in den großen Fächern mündlich gefragt werden.

Wir wünschen allen Leserinnen und Lesern eine erfolgreiche Prüfungsvorbereitung und viel Glück für das bevorstehende Examen!

Euer MEDI-LEARN-Team

Online-Service zur Skriptenreihe

Die mehrbändige MEDI-LEARN Skriptenreihe zum Physikum ist eine wertvolle fachliche und lernstrategische Hilfestellung, um die berüchtigte erste Prüfungshürde im Medizinstudium sicher zu nehmen.
Um die Arbeit mit den Skripten noch angenehmer zu gestalten, bietet ein spezieller Online-Bereich auf den MEDI-LEARN Webseiten ab sofort einen erweiterten Service. Welche erweiterten Funktionen ihr dort findet und wie ihr damit zusätzlichen Nutzen aus den Skripten ziehen könnt, möchten wir euch im Folgenden kurz erläutern.

Volltext-Suche über alle Skripte
Sämtliche Bände der Skriptenreihe sind in eine Volltext-Suche integriert und bequem online recherchierbar: Ganz gleich, ob ihr fächerübergreifende Themen noch einmal Revue passieren lassen oder einzelne Themen punktgenau nachschlagen möchtet: Mit der Volltext-Suche bieten wir euch ein Tool mit hohem Funktionsumfang, das Recherche und Rekapitulation wesentlich erleichtert.

Digitales Bildarchiv
Sämtliche Abbildungen der Skriptenreihe stehen euch auch als hochauflösende Grafiken zum kostenlosen Download zur Verfügung. Das Bildmaterial liegt in höchster Qualität zum großformatigen Ausdruck bereit. So könnt ihr die Abbildungen zusätzlich beschriften, farblich markieren oder mit Anmerkungen versehen. Ebenso wie der Volltext sind auch die Abbildungen über die Suchfunktion recherchierbar.

Errata-Liste
Sollte uns trotz eines mehrstufigen Systems zur Sicherung der inhaltlichen Qualität unserer Skripte ein Fehler unterlaufen sein, wird dieser unmittelbar nach seinem Bekanntwerden im Internet veröffentlicht. Auf diese Weise ist sicher gestellt, dass unsere Skripte nur fachlich korrekte Aussagen enthalten, auf die ihr in der Prüfung verlässlich Bezug nehmen könnt.

Den Onlinebereich zur Skriptenreihe findet ihr unter www.medi-learn.de/skripte

2 Genetik 1

2.3 Formale Genetik 1
- 2.3.1 Allgemeines und Begriffe 2
- 2.3.2 Mendel-Gesetze 2
- 2.3.3 Wichtige Vererbungsgänge im Blutgruppensystem 3
- 2.3.4 Autosomale und gonosomale Vererbungsgänge 5
- 2.3.5 Mitochondriale Vererbungsgänge 8
- 2.3.6 Stammbäume 8

2.4 Populationsgenetik 9

2.5 Mutationen 9
- 2.5.1 Punktmutation 10
- 2.5.2 Rasterschubmutation (= Frameshift) 10
- 2.5.3 Beispiele für Rasterschub- und Punktmutationen 10

3 Allgemeine Mikrobiologie und Ökologie 12

3.1 Prokaryonten und Eukaryonten 12

3.2 Allgemeine Bakteriologie 13
- 3.2.1 Morphologische Grundformen 13
- 3.2.2 Bestandteile einer Bakterienzelle 13
- 3.2.3 Genetische Organisation einer Bakterienzelle 13
- 3.2.4 Zytoplasma 15
- 3.2.5 Zellmembran 17
- 3.2.6 Zellwand 17
- 3.2.7 Kapsel 20
- 3.2.8 Fimbrien/Pili 21
- 3.2.9 Geißeln 21
- 3.2.10 Bakterielle Sporen 21

3.3 Bakterienphysiologie 21
- 3.3.1 Nährmedium 21
- 3.3.2 Verhalten gegenüber Sauerstoff 22
- 3.3.3 Exkurs: Clostridienstämme 22
- 3.3.4 Verhalten gegenüber pH und Temperatur 23
- 3.3.5 Wachstumskurve einer Bakterienkultur 23

3.4 Antibiotika 24
- 3.4.1 Angriff am prokaryontischen Ribosomen 24
- 3.4.2 Angriff an der Zellwand 24

	3.4.3 Resistenzen	24
3.5	**Bakterienklassifizierung**	**28**
3.6	**Pilze**	**30**
	3.6.1 Sprosspilze	30
	3.6.2 Fadenpilze	30
	3.6.3 Antimykotika	30
	3.6.4 Pilztoxine	31
3.7	**Viren**	**31**
	3.7.1 Aufbau	31
	3.7.2 Vermherungszyklus	32
	3.7.3 Bakteriophagen	32
	3.7.4 Retroviren (= RNA-Viren)	33
	3.7.5 Viroide	33
	3.7.6 Prionen	33
3.8	**Ökologie**	**34**
	3.8.1 Symbiose	34
	3.8.2 Kommensalismus	34
	3.8.3 Parasitismus	34
	3.8.4 Die Nahrungskette	34
Index		**35**

`Formale Genetik | 1`

2 Genetik

2.3 Formale Genetik

In diesem Kapitel geht es um die klassischen drei Gesetze von Pater Mendel und die Vererbungslehre. Hier sind besonders die Blutgruppenvererbungen wichtig, da diese sehr oft und in immer wieder abgewandelter Form geprüft werden. Doch bevor man sich jetzt mitten ins Vererbungsgetümmel stürzt, sollte man sich zunächst das Handwerkszeug der formalen Genetik aneignen. Beginnen wir also mit ein wenig Vokabellernen.

Allel:	Ausprägungen eines Gens, die auf den homologen Chromosomen am gleichen Genlokus (= Ort) zu finden sind. Sind die Allele gleich, bezeichnet man den Träger als **homozygot**, sind sie unterschiedlich, nennt man das **heterozygot**.
Multiple Allelie:	Bezeichnung für die Tatsache, dass mehrere Varianten eines Gens vorkommen können: Mitunter kommen von einem Gen mehr als zwei Allele (= Ausprägungsformen) vor. Bestes Beispiel ist das ABO-Blutgruppensystem, bei dem 3 Allele (= A, B und O) die Blutgruppen bestimmen.
Genotyp:	Bezeichnung für die Gesamtheit aller Erbanlagen.
Phänotyp:	Bezeichnung für das äußere Erscheinungsbild eines Individuums. Dieses hängt zum einen vom Genotyp, zum anderen auch von Umwelteinflüssen ab.
Dominanz:	Ein dominantes Allel setzt sich im Phänotyp durch.
Rezessivität:	Ein rezessives Allel kommt bei Vorhandensein eines dominanten Allels nicht zur Ausprägung. Phänotypisch ausgeprägt ist es nur, wenn zwei rezessive Allele vorliegen.
Codominanz:	Manifestation beider dominanter Allele im Phänotyp, Beispiel: Blutgruppe AB.
Expressivität:	Grad der Ausprägung eines Gens im Phänotyp. Nur ein Gen mit 100%iger Expressivität schlägt vollständig durch.
Penetranz:	Anteil der Merkmalsträger bezogen auf die Genträger. Bei vollständiger Penetranz (= 100%) weisen alle Genträger das Merkmal auf, bei unvollständiger Penetranz nur ein Teil. Beispiel: bei 50%iger Penetranz würde die Hälfte der Mitglieder einer betroffenen Familie das Merkmal ausprägen.
Pleiotropie:	Gleichzeitige Beeinflussung und Ausprägung mehrerer phänotypischer Merkmale durch nur ein Gen.
Heterogenie:	Das gleiche Krankheitsbild wird durch zwei nichtallele Gene ausgelöst. Beispiel: Taubstummheit wird **autosomal-rezessiv** vererbt. Trotzdem können Kinder taubstummer Eltern phänotypisch gesund sein, da der Defekt bei den Eltern auf unterschiedlichen Genorten lokalisiert sein kann. Elternteil 1: TTss (= taubstumm), Elternteil 2: ttSS (= taubstumm), Kind: tTsS (= phänotypisch gesund). Die Kleinbuchstaben bezeichnen das jeweils kranke (= rezessive) Allel. Nur die Kombinationen ss und tt führen zur Taubstummheit.
Antizipation:	Tendenz einiger genetischer Erkrankungen, sich von Generation zu Generation früher und stärker auszuprägen, Beispiel: Myotone Muskeldystrophie. Dieses Phänomen basiert auf einer **Triplettexpansion**, die von Generation zu Generation zunimmt. Hierunter versteht man die Vervielfachung von Triplettsequenzen (CAG, CTG, CGG), die zu einer Instabilität des kodierten Genprodukts führt. Weitere Beispielkrankheiten sind die **Chorea Huntington** (= Veitstanz) und das Fragile X-Syndrom.
genomisches Imprinting:	Unterschiedliche Ausprägung eines Gens, je nachdem ob es vom Vater (= paternal) oder der Mutter (= maternal) weitergegeben wurde, entstehen zwei unterschiedliche Krankheitsbilder. Beispiel: Bestimmte Chromosomenschäden auf Chromosom 15 führen bei maternaler Vererbung zum Angelman-Syndom, bei paternaler Vererbung zum Prader-Willi-Syndrom.

Tabelle 1: Definition wichtiger Begriffe

2.3.1 Allgemeines und Begriffe

Die hier aufgeführten Begriffe sind gleich in zweierlei Weise relevant: zum einen werden sie im Schriftlichen gerne als Definitionen gefragt, zum anderen braucht man sie, um die folgenden Abschnitte dieses Skriptes zu verstehen.

2.3.2 Mendel-Gesetze

Nun kommen wir also zu den schon angekündigten Klassikern der Vererbungslehre: den Mendel-Gesetzen. Um diese Gesetze und auch andere Vererbungsgänge zu veranschaulichen, benutzt man solche Kreuzschemata:

	A	A
B	?	?
B	?	?

Tabelle 2a: Kreuzschema: Homozygote Eltern

In der oberen Zeile und der linken Spalte sind die Genotypen der Eltern (vornehmer ausgedrückt: der Parentalgeneration) aufgeführt. Elternteil eins (= oben) hat den Genotyp AA, Elternteil zwei (= links) den Genotyp BB. Unsere beiden zeugungswilligen Partner sind also homozygot.

MERKE:
Ein großer Buchstabe kennzeichnet ein dominantes Gen, ein kleiner Buchstaben ein rezessives Gen.

Nun interessiert uns, welche Genotypen unter der Nachkommenschaft (= Filialgeneration) auftreten können. In unserem Beispiel sind diese mit einem Fragezeichen gekennzeichnet. Zum Lösen der Aufgabe addiert man einfach die einzelnen Allele der Eltern und erhält so die möglichen Genotypen der Kinder:

	A	A
B	AB	AB
B	AB	AB

Tabelle 2b: Homozygote Eltern mit Genotypen der Kinder

Übrigens...
Im Physikum sind die Prüfer meist nicht so zuvorkommend, dass sie schon ein fertiges Kreuzschema in die Frage integrieren. Die Frage wird vielmehr in Textform formuliert und man muss sich sein eigenes Schema entwerfen.

Das 1. Mendel-Gesetz (= Uniformitätsgesetz)

Das erste Mendel-Gesetz entspricht unserem Beispiel: kreuzt man zwei Homozygote (= Elterngeneration = Parentalgeneration P) verschiedener Allele, sind die Nachkommen (= Filialgeneration 1) alle heterozygot und weisen den gleichen Genotyp (= Uniformität) auf. Dieser Genotyp weicht von dem der Eltern ab.
In unserem Beispiel hat ein Elternteil den Genotyp AA, der andere den Genotyp BB. Die Nachkommen der F1-Generation haben alle den gleichen uniformen AB-Genotyp.

Übrigens...
Würde man zwei Homozygote gleicher Allele kreuzen, so wären alle Nachkommen gleich! Wer Lust hat, kann das ja mal mit einem Kreuzschema und den Allelpaaren AA und AA überprüfen...

Das 2. Mendel-Gesetz (= Spaltungsgesetz)

Kreuzt man diese F1-Nachkommen, die alle das gleiche **heterozygote uniforme Allelpaar (= AB)** aufweisen, so werden die Nachkommen der F2-Generation NICHT wieder uniform, sondern sie **spalten** sich im Verhältnis 1:2:1 (AA:AB:BB):

	A	B
A	AA	AB
B	AB	BB

Tabelle 3: Aufspaltung in der F2-Generation

MERKE:
Beim 2. Mendel-Gesetz gilt das Verhältnis: 1:2:1

Das 3. Mendel-Gesetz (= Unabhängigkeitsgesetz)

Kreuzt man homozygote Individuen, die sich in mehr als einem Allelpaar unterscheiden, so werden die einzelnen Allele unabhängig voneinander entsprechend den beiden ersten Mendelschen Gesetzen vererbt. Heute wissen wir, dass die Allele dazu auf unterschiedlichen Chromosomen lokalisiert sein müssen.
Wie ist das zu verstehen? Dazu muss man wissen, dass unterschiedliche Gene, die auf einem Chromosom liegen, sich u.U. nicht unabhängig

voneinander kombinieren können, da sie z.B. während der Mitose (s. Biologie 1, Abschnitt 1.7.2) der **gleichen Kopplungsgruppe** angehören und dann **zusammen** auf die Keimzellen verteilt werden.

2.3.3 Wichtige Vererbungsgänge im Blutgruppensystem

Das Thema Vererbungsgänge ist absolut prüfungsrelevant, da Fragen zu den Blutgruppen und den anderen hier aufgeführten Vererbungsgängen bislang noch jedes Mal im schriftlichen Physikum zu finden waren. Fangen wir mit den Blutgruppen an.

ABO-Blutgruppensystem

Zwei Blutgruppensysteme sind immer wieder Gegenstand des Examens: Das AB0-Blutgruppensystem und das MN-Blutgruppensystem (s. S. 5). Hat man das Prinzip aber einmal verstanden und sich einige Fakten gemerkt, sind die hierzu gestellten Aufgaben meist schnell und einfach zu lösen.

Die Blutgruppen des AB0-Systems unterscheiden sich in der Zusammensetzung der Glykokalix auf den Erythrozyten. Unterschieden werden die **Allele A, B und 0**.

MERKE:
Blutgruppenverteilung in Deutschland: Blutgruppe A und 0 je 40%, B 15% und AB 5%.

Hat jemand die Blutgruppe A, so entwickelt er Antikörper gegen die Blutgruppe B, um sich gegen diese körperfremden Substanzen zu schützen. Besitzt hingegen jemand die Blutgruppe B, so hat er Antikörper gegen die Blutgruppe A. Menschen mit der Blutgruppe AB entwickeln demnach keine Antikörper, bei der Blutgruppe 0 sind hingegen sowohl Anti-A- als auch Anti-B-Antikörper im Serum vorhanden (s. Tab..4). Diese Antikörperbildung ist medizinisch relevant, um **Transfusionszwischenfälle** zu vermeiden. Treffen nämlich Antigen und Antikörper aufeinander, kommt es zur **Agglutination**. Würde man also ein Erythrozytenkonzentrat der Spendergruppe A einem Patienten mit der Blutgruppe B infundieren, so käme es zur Verklumpung der Erythrozyten. Es würden sich Mikrothromben bilden, die Kapillaren verstopfen könnten. Im Extremfall kann so ein Zwischenfall zum Tod führen (s. Abb.1).

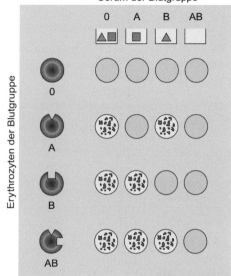

Abb. 1: ABO-Blutgruppenunverträglichkeit

Blutgruppe	Antigen (auf den Erythrozyten)	Antikörper (im Serum)
A	A	Anti-B
B	B	Anti-A
AB	AB	keine
0	keines	Anti-A und Anti-B

Tabelle 4: ABO-Blutgruppensystem

Übrigens...
- **Lektine** sind spezifische zuckerbindende Proteine. Früher setzte man sie ein, um Blutzellen - über die Bindung an der Glykokalix - zu agglutinieren. Heute benutzt man lektinhistochemische Methoden, um z.B. Tumorzellen zu diagnostizieren.
- Rennfahrer haben ihre Blutgruppe meist am Rennanzug aufgestickt oder sogar aufs Auto aufgeklebt, damit nach dem ersten (Auto-)Unfall kein zweiter (Infusions-) Unfall passiert...

Nach dieser allgemeinen Einführung in das Thema der AB0-Blutgruppen, widmen wir uns jetzt den vererbungsrelevanten Fakten: die Blutgruppenallele A und B verhalten sich zueinander codominant und gegenüber dem Allel 0 dominant. Folglich manifestiert sich die Blutgruppe 0 nur im homozygoten Zustand.

Die folgende Tabelle zeigt, welche unterschiedlichen Genotypen einem Phänotyp zugrunde liegen können:

Phänotyp	Genotyp
A	AA, A0
B	BB, B0
AB	AB
0	0

Tabelle 5a: Genotypen der AB0-Blutgruppen

Bei der Blutgruppe B kann sich z.B. die Dominanz des Allels B gegenüber dem Allel 0 manifestieren. Genau so gut ist es aber auch möglich, dass ein Träger der Blutgruppe B homozygot ist.

Kinder von Eltern der Blutgruppen A oder B können daher auch die Blutgruppe 0 bekommen, wenn ihre Eltern heterozygot sind. Die Wahrscheinlichkeit für diesen Fall beträgt 25%:

	A	0
B	AB	B0
0	A0	00

Tabelle 5b: Vererbung der AB0-Blutgruppen

Rhesus-Blutgruppensystem

Das Rhesus-Blutgruppensystem besteht aus drei verschiedenen Antigenen, die mit C, D und E bezeichnet werden. Da das **D-Antigen** am häufigsten vorkommt, bezeichnet man Träger dieses Merkmals als rhesuspositiv (= Rh-positiv). Fehlt das D-Antigen, bezeichnet man die Träger folgerichtig als rhesusnegativ (= Rh-negativ).

> **Übrigens...**
> Bei der europäischen Bevölkerung finden sich 85% rhesuspositive Personen, 15% sind rhesusnegativ.

Zum Verständnis der Rhesus-Kompatibilität ist es wichtig sich zu merken, dass im Körper natürlicherweise KEINE Antikörper gegen die Rhesusantigene vorkommen. Dies ist daher ein wesentlicher Unterschied gegenüber dem AB0-Blutgruppensystem, bei dem sich sehr wohl Antikörper bilden (vorausgesetzt man hat nicht die Blutgruppe AB). Eine solche Sensibilisierung (= Bildung von Antikörpern) findet beim Rhesussystem erst dann statt, wenn Blut von rhesuspositiven Spendern auf rhesusnegative Empfänger übertragen wird.

Zu einer Antigen-Antikörper-Reaktion würde jedoch erst ein nochmaliger gleichartiger Blutkontakt führen. Dessen Folgen wären dann eine Hämolyse und intravasale Gerinnung (s. Abb. 2, S. 5).

Besondere Relevanz hat dieses Wissen um das Rhesus-Blutgruppensystem während einer **Schwangerschaft**. Ist die Mutter rhesusnegativ und der Vater rhesuspositiv, so besteht die Möglichkeit, dass das Kind die rhesuspositiven Eigenschaften des Vaters erbt. Bei der Geburt kommen mütterlicher und kindlicher Kreislauf in Kontakt. Der Übertritt kindlicher rhesuspositiver Erythrozyten in die Blutbahn der Mutter führt zu deren Sensibilisierung, was bedeutet, dass die Mutter **Anti-D-IgG-Antikörper** entwickelt. Wäre bei einer zweiten Schwangerschaft das Kind erneut rhesuspositiv, entstünde eine gefährliche Situation: Da IgG-Antikörper plazentagängig sind, können sie vom mütterlichen in den kindlichen Kreislauf übertreten. Dort würden sie dann einen Morbus hämolyticum neonatorum auslösen, der durch schwere fetale Anämie und Hämolyse gekennzeichnet ist und nicht selten zum Abort führt.

Damit es nicht soweit kommt, sollte man eine **Anti-D-Prophylaxe** durchführen. Das bedeutet, dass Frauen direkt nach der Geburt ihres ersten rhesuspositiven Kindes große Mengen anti-D-Antikörper gespritzt bekommen. Dadurch werden die übergetretenen fetalen Erythrozyten markiert und eliminiert, **bevor** sie das mütterliche Immunsystem sensibilisieren können.

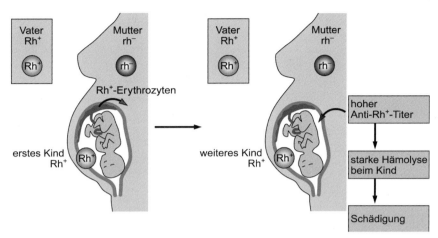

Abb. 2: Rhesusinkompatibilität in der Schwangerschaft

Übrigens...
Die hier beschriebenen Komplikationen im Sinne eines Morbus hämolyticum neonatorum können normalerweise erst bei einer zweiten Schwangerschaft auftreten, während sie bei einer Erstschwangerschaft praktisch ausgeschlossen sind. Es gibt aber auch Fälle, bei denen Rhesuskomplikationen schon während der ersten Schwangerschaft vorkommen. Diese Frauen müssen folglich bereits vorher Anti-D-Antikörper entwickelt haben, z. B. durch eine rhesuspositive Blut(fehl)transfusion.

MN-Blutgruppensystem
Beim MN-System kennt man die Allele M und N, die sich codominant verhalten. Hier gibt es KEIN rezessives 0-Allel. Somit ergeben sich folgende Phäno- und Genotypen:

Phänotyp	Genotyp
M	MM
N	NN
MN	MN

Tabelle 6a: Genotypen der MN-Blutgruppen

Übrigens...
Sowohl die Bestimmung der MN-Blutgruppen als auch des ABO-Systems kann für einen Vaterschaftstest benutzt werden. **Vaterschaftstests** sind immer wieder gerne Gegenstand von Prüfungsfragen, die hier geprüften Sachverhalte könnten aber auch später mal für den einen oder anderen von uns eine wichtige Rolle spielen...

In der folgenden Tabelle sind einige Beispiele aufgeführt:

Mutter	Kind	mögliche Vaterschaft	ausgeschlossene Vaterschaft
M	M	MN, M	N
MN	MN	MN, M, N	-
A	AB	B, AB	A, 0
M, B	M, 0	M, MN/A, B, 0	N/AB

Tabelle 6b: Beispiele für Vaterschaft

Bitte immer vor Augen halten, dass hier nur der Phänotyp angegeben ist.

2.3.4 Autosomale und gonosomale Vererbungsgänge
In diesem Unterkapitel nähern wir uns vielen unterschiedlichen Erbgängen. Das Thema kann auch später im Beruf sehr wichtig sein, wenn Patienten eine Erbkrankheit haben und eine humangenetische Beratung wünschen.

Autosomal-dominante Vererbungsgänge
Wie schon beim Abschnitt „Handwerkszeug der Vererbung" erwähnt (s. 2.3.1, S. 2), setzt sich ein dominantes Merkmal gegenüber einem rezessiven Merkmal durch. Ist eine Generation daher merkmalsfrei, dann wurde ein krankes dominantes

Gen nicht weitervererbt, da es ja sonst hätte zur Ausprägung kommen müssen. Wichtig in diesem Zusammenhang sind jedoch auch die Penetranz und die Expressivität (s. 2.3.1, Tab. 1, S. 2), denn durch eine ganz geringe Expressivität oder eine unvollständige Penetranz kann eine merkmalsfreie Generation auch nur vorgetäuscht sein.

Übrigens...
- Bei autosomal-dominanten Vererbungsgängen zeigt sich keine Bevorzugung eines bestimmten Geschlechts, wie es z.B. bei gonosomalen Defekten der Fall sein kann (s. S. 7).
- Ist eine Generation merkmalsfrei, weil das dominante Gen nicht weitervererbt wurde, entspricht das Erkrankungsrisiko der Mutationsrate.

Und jetzt noch zwei Beispiele:
Bei einem heterozygot erkrankten Elternteil beträgt das Risiko für die Kinder, ebenfalls zu erkranken 50%.

	A	a
a	Aa (k)	aa
a	Aa (k)	aa

(k) = krank, A = krankes dominantes Allel
Tabelle 7a: Dominantes Allel bei einem Elternteil

Sind beide Elternteile heterozygot betroffen, so beträgt das Erkrankungsrisiko für die Kinder 75%. Zwei Drittel der Erkrankten sind heterozygot (= Aa), ein Drittel ist homozygot (= AA). Homozygote Träger sind meist besonders schwer betroffen.

	A	a
A	AA (k)	Aa (k)
a	Aa (k)	aa

(k) = krank, A = krankes dominantes Allel
Tabelle 7b: Dominantes Allel bei beiden Eltern

Übrigens...
Ist ein Elternteil homozygot betroffen, so sind alle Kinder heterozygot betroffen = das Erkrankungsrisiko beträgt dann sogar 100%.

Autosomal-rezessive Vererbungsgänge
Häufig sind bei autosomal-rezessiven Erbleiden die Eltern phänotypisch gesund, aber genotypisch heterozygot. Bekannte Beispiele für autosomal-rezessiv vererbte Erkrankungen sind die Phenylketonurie (= PKU) und die Mukoviszidose.

	A	a
A	AA	Aa
a	Aa	aa (k)

(k) = krank, a = krankes rezessives Allel
Tabelle 8a: Rezessives Allel bei beiden Eltern

Durchschnittlich ¼ der Kinder (= aa) sind bei zwei heterozygoten Eltern krank.
Zu beachten ist, dass
- $2/3$ der phänotypisch gesunden Kinder (= AA und Aa) heterozygot (= Aa) sind,
- $1/3$ der phänotypisch gesunden Kinder (=¼ aller Kinder) homozygot (= AA) sind.

Diese Aussage sollte man sich am besten noch einmal selber mit Blatt und Bleistift anhand eines Kreuzschemas verdeutlichen, da sie bislang immer wieder Gegenstand von Prüfungsfragen war.

Nun zu einem Sonderfall: Ein Elternteil sei homozygot, das andere heterozygot.

	A	a
a	Aa	aa (= k)
a	Aa	aa (= k)

(k) = krank, a = krankes rezessives Allel
Tabelle 8b: Pseudodominanz bei rezessivem Erbgang

Durchschnittlich 50% der Kinder (= aa) sind bei dieser Konstellation krank, die anderen 50% sind heterozygot.
Den Fakt, dass 50% der Nachkommen erkranken, kennt ihr schon vom dominanten Vererbungsgang (s. Tab. 7a). Da hier eine rezessiv-vererbte Krankheit, die „normalerweise" ja nur 25% Erkrankungen aufweisen sollte, einen do-

Formale Genetik

minanten Erbgang mit 50% Erkrankungsrisiko „vortäuscht", bezeichnet man dieses Phänomen als Pseudodominanz.

> **Übrigens...**
> Nachkommen von Eltern, die beide das gleiche autosomal-rezessive Merkmal tragen (= aa und aa), erkranken mit 100%iger Wahrscheinlichkeit.

Gonosomal-dominante Vererbungsgänge

Für die Y-Chromosomen ist kein gesicherter mendelscher Erbgang einer Krankheit bekannt, daher können wir uns auf die X-chromosomal-dominant vererbten Krankheiten konzentrieren: Ein kranker Mann (= Xy) würde eine solche Erkrankung zu 100% an seine Töchter (= Xx) und zu 0% an seine Söhne (= xy) weitervererben, da die Söhne ja nur sein gesundes Y-Chromosom bekommen, während die Töchter immer das kranke X-Chromosom erhalten:

	X	y
x	Xx (k)	xy
x	Xx (k)	xy

(k) = krank, X = krankes dominantes Allel

Tabelle 9: kranker Vater (dominantes Allel)

Heterozygote Mütter hingegen vererben das kranke Gen an 50% ihrer weiblichen und männlichen Nachkommen, die andere Hälfte bekommt das gesunde Gen. Hier tritt also KEINE geschlechtsspezifische Vererbung auf.

	x	y
X	Xx (k)	Xy (k)
x	xx	xy

(k) = krank, X = krankes dominantes Allel

Tabelle 10: kranke Mutter (dominantes Allel)

Gonosomal-rezessive Vererbungsgänge

Auch bei den gonosomal-rezessiven Erbgängen widmen wir uns nur den prüfungsrelevanten X-chromosomal-rezessiven Vererbungen.
Es erkranken weitaus mehr Männer als Frauen, da sie ja nur ein X-Chromosom besitzen. Betroffene Männer (= xY) zeigen also bei vollständiger Penetranz immer das Merkmal:

	X	Y
X	XX	XY
x	xX	xY (k)

(k) = krank, x = krankes rezessives Allel

Tabelle 11: Erbgang betroffener Männer (=xY)

Frauen dagegen müssen homozygot (= xx) sein, um zu erkranken. Das wird nur bei seltenen Konstellationen beobachtet, wie z.B. Mutter heterozygot (= Xx) und Vater erkrankt (= xY).

	x	Y
X	xX	XY
x	xx (k)	xY (k)

(k) = krank, x = krankes rezessives Allel

Tabelle 12: Erbgang betroffener Frauen (=xx)

Eine heterozygote Frau (= Xx) nennt man auch **Konduktorin**. Das heißt, dass sie ein krankes Gen weitervererben kann, selbst aber nicht erkrankt ist.
Ist der Vater erkrankt (= xY), so bekommt er gesunde Söhne (= XY), da er ja an sie nur das Y-Chromosom vererbt. Seine Töchter dagegen werden immer Konduktorinnen (= xX).

	x	Y
X	xX	XY
X	xX	XY

(k) = krank, x = krankes rezessives Allel

Tabelle 13: Kranker Vater (=xY)

Wichtige Beispiele für X-chromosomale-rezessive Erbgänge sind
- Farbenblindheiten,
- Hämophilie A und B,
- Muskeldystrophie Typ Becker
- Muskeldystrophie Typ Duchenne.

2.3.5 Mitochondriale Vererbungsgänge

Krankheiten, die durch mitochondriale mtDNA verursacht werden, können nur maternal (= von der Mutter) vererbt werden, da die männlichen Mitochondrien gar nicht weitervererbt werden. Der Grund dafür ist, dass die Mitochondrien im Mittelstück der Spermien liegen und daher bei einer Befruchtung gar nicht in die Eizelle eindringen. Die Mitochondrien der Zygote stammen somit alle von der Mutter.

2.3.6 Stammbäume

Im schriftlichen Teil des Physikums werden auch gerne Stammbaumaufgaben gestellt. Zur Interpretation eines Stammbaums sollte man folgende Symbole kennen:

Hierzu ein Beispiel:
- Ein Mann sei von einer sehr seltenen autosomal-rezessiven Krankheit betroffen. Wie hoch ist die Wahrscheinlichkeit für den Sohn seiner gesunden Schwester, für das gleiche Gen heterozygot zu sein?

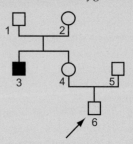

Abb. 4: Stammbaumaufgabe

Erläuterung: Die Eltern (1, 2) der ersten Generation müssen heterozygot für die rezessive Krankheit sein, damit der Sohn (3) überhaupt erkranken konnte. Sein Risiko betrug übrigens 25% (vgl. Tab. 8a). Damit beträgt das Risiko für die gesunde Schwester (4) für die Erkrankung heterozygot zu sein 2/3 (= 66%, vgl. Tab. 8a). Diese Schwester vererbt das Gen (das sie mit einer Wahrscheinlichkeit von 66% besitzt) mit 50%iger Wahrscheinlichkeit weiter: ihr Sohn (6) hat somit ein Risiko von 33% heterozygot zu sein.

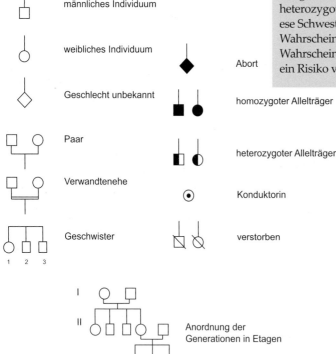

Abb. 3: Stammbaumsymbole

2.4 Populationsgenetik

Die Fragen zu diesem Thema beschäftigten sich bislang mit dem Hardy-Weinberg-Gesetz. Dabei handelt es sich um eine algebraische Formel, mit der man die relative Häufigkeit eines dominanten oder rezessiven Gens in einer Population vorhersagen kann.

Als Beispiel betrachten wir einmal ein 2-Allelsystem. Hierfür lautet das Gesetz:
$p^2 + 2pq + q^2 = 1$

p = Genfrequenz des dominanten (= häufigeren) Allels in einer Population,
q = Genfrequenz des rezessiven (= selteneren) Allels in einer Population und p+q = 1

Überträgt man dieses Beispiel auf das A-Merkmal der Blutgruppen, würde p für „A" und q für „a" stehen. Die einzelnen Formelanteile würden dann Folgendes bedeuten:
- p^2 gibt die Homozygotenfrequenz des dominanten Allels (= AA) an,
- $2pq$ steht für die Heterozygotenfrequenz (= Aa) und
- q^2 drückt die Homozygotenfrequenz (= aa) aus.

Soweit so gut, aber wofür lässt sich dies Alles nun gebrauchen? Die Antwort darauf soll das folgende Beispiel geben, das zeigt, wie man mit Hilfe des Hardy-Weinberg-Gesetzes die **Heterozygotenfrequenz** in einer Population ausrechnen kann, wenn die Häufigkeit einer Erkrankung bekannt ist:

Eine rezessive Erbkrankheit sei in der Bevölkerung mit einer Häufigkeit von 1:10.000 vertreten. Solch eine Häufigkeitsverteilung hat z. B. die Phenylketonurie (= PKU). Hier kennt man also die Homozygotenfrequenz q^2:
q^2 (= aa) = 1/10 000 oder 0,0001

Daraus lässt sich durch Ziehen der Wurzel sehr einfach q und damit die Genfrequenz des rezessiven Gens berechnen. Sie beträgt hier 0,01. Da außerdem gilt p = 1–q, ist p und damit die Genfrequenz des dominanten Gens = 0,99.

Nun kann man die Heterozygotenfrequenz (2pq) errechnen: 2 · 0,99 · 0,01 =0,0198= 1,98%
Fazit: Wenn in einer Population eine Erbkrankheit mit einer Häufigkeit von 1:10000 auftritt, dann sind etwa 2 % der Menschen Überträger (= heterozygot) für diese Krankheit.

2.5 Mutationen

Beschäftigen wir uns nun mit dem Thema Mutationen. Besonders relevant für die Prüfung sind Kenntnisse über die möglichen Konsequenzen einer Mutation. Aber auch die Beispielkrankheiten Mukoviszidose und Sichelzellanämie finden sich immer wieder in den Fragen.
Mutationen sind Veränderungen des genetischen Materials. Sie können spontan oder noxeninduziert stattfinden. Die noxeninduzierten Mutationen können durch
- physikalische Einflüsse, z.B. UV-Strahlung, radioaktive Strahlung und/oder
- chemische Einflüsse, z.B. Zytostatika oder Kampfgase, ausgelöst werden.

Darüber hinaus sollte man fürs Schriftliche diese charakteristischen Eigenschaften parat haben:
- Für eine Mutation muss kein **Belastungsgrenzwert** überschritten werden. Man kann höchstens sagen, dass die Wahrscheinlichkeit einer Mutation bei hoher mutagener Exposition höher ist als bei niedriger Exposition.
- Es gibt keine gerichtete Mutation. Mutationen sind immer zufällig.

Da die Chromosomenmutationen bereits im Skript Biologie 1, Abschnitt 2.2.2 behandelt wurden, widmen wir uns hier nur noch den Konsequenzen einer Genmutation, die zur Veränderung der Basensequenz führen. Dabei unterscheidet man zwischen unterschiedlichen Auswirkungen, die eine Mutation nach sich ziehen kann:
- dem Entstehen eines Pseudogens,
- einem Loss/Gain of Function und
- keinen Auswirkungen.

Ein **Pseudogen** entsteht durch eine Mutation im **Promotorbereich**. Das betroffene Gen wird in der Folge nicht mehr abgelesen.

Es ist aber auch möglich, dass es durch eine Mutation zu einer Funktionsverschlechterung (oder gar einem Funktionsausfall), aber auch umgekehrt zu einem Funktionszuwachs kommt, was man als Loss- oder Gain of Function bezeichnet.

Schließlich können Mutationen auch gar keine Auswirkungen haben. Dies ist z.B. dann der Fall, wenn sie in Introns lokalisiert sind oder hochrepetitive DNA betreffen. Also Genabschnitte, die keine codierende Funktion haben. Auch bei Punktmutationen besteht die Möglichkeit, dass sich keine Konsequenzen aus der Mutation ergeben.

> **Übrigens...**
> - Mukoviszidose wird durch eine Mutation (und zwar meist durch eine Deletion von drei Basen) verursacht, die zur Veränderung des CFRT-Kanals (= ein Chloridkanal) in der Zellmembran führt.
> - Menschen besitzen ein Pseudogen für Vitamin C. Besonders bei Seefahrern stellte sich früher schnell eine Unterversorgung ein, da sie z.T. Monate lang keine frischen Früchte bekamen. Da Vitamin C für die Kollagenbiosynthese wichtig ist, kommt es zum Auftreten von **Skorbut**. Diese Krankheit ist durch schwere Bindegewebsschäden charakterisiert. Besonders Zahnfleischbluten und Zahnausfall imponieren – im Extremfall droht der Exitus.

2.5.1 Punktmutation

Bei einer Punktmutation wird nur eine Base ausgetauscht. Es ist möglich, dass das keine Konsequenzen hat und durch die Mutation ein Codon entsteht, das ebenfalls für die gleiche Aminosäure codiert.

Erfolgt eine Punktmutation in einem Stoppcodon, dann wird das Transkript gezwungenermaßen länger. Entsteht durch eine Punktmutation ein neues Stoppcodon, wird das Transkript kürzer.

> **Übrigens...**
> - Bei der **Sichelzellanämie** wird aufgrund einer Punktmutation im Hämoglobingen ein Codon verändert und daher eine andere Primärsequenz abgelesen. Die Folge ist, dass im fertigen Hämoglobin die Glutaminsäure in Position 6 durch Valin ersetzt ist. Dies führt zur Bildung der typischen Sichelzellerythrozyten, mit gesteigerter Neigung zur Hämolyse. Es entstehen Mikrothromben, die besonders in Gehirnkapillaren fatale Folgen haben können.
> - Heterozygote Träger haben trotzdem eine normale Lebenserwartung(!) und weisen zusätzlich eine **hohe Resistenz gegenüber Malaria** auf – ein **Selektionsvorteil** in Malariagebieten.
> - Homozygote Träger erkranken (wie bei anderen Krankheiten auch) meist weitaus schwerer an der Sichelzellanämie.

2.5.2 Rasterschubmutation (= Frameshift)

Eine Deletion oder Insertion eines Basenpaares kann zu einer Rasterschubmutation führen. Dadurch verändert sich das Raster der abgelesenen Codons und es wird eine völlig andere Primärsequenz abgelesen. Die Rasterschub-Mutation wird gut verständlich, wenn man die folgenden Beispiele betrachtet:

2.5.3 Beispiele für Rasterschub- und Punktmutationen

In der folgenden Zeile ist eine Botschaft in Form von **Tripletts** verpackt:
DIE RNA HAT DEN RAT DEN DIE DNA IHR GAB

> **Beispiel 1:**
> Kommt es nun bei einer Rasterschubmutation zur Insertion eines Basenpaares (= **D**), so wird der Aminosäurecode unverständlich.
> DIE RNA HAT DEN R**D**A TDE NDI EDN AIH RGA B

> **Beispiel 2:**
> Hier erfolgt eine Insertion (= **D**) und zusätzlich eine Deletion (= E), die das Leseraster wieder verständlich macht.
> DIE RNA HAT DEN R**D**A TDE NDI DNA IHR GAB

> **Beispiel 3:**
> Nun betrachten wir noch eine **Punktmutation**, bei der nur ein Codon (= das vierte) verändert wird. Auf diese Weise kann es zum Einbau einer falschen Aminosäure kommen.
> DIE RNA HAT DE**R** RAT DEN DIE DNA IHR GAB

DAS BRINGT PUNKTE

Auch der zweite Teilaspekt der Genetik – die **Vererbungslehre** – war bislang im Schriftlichen immer mit zahlreichen Fragen vertreten. Besonders sollte man sich aus diesem Kapitel merken, dass
- Allele unterschiedliche Ausprägungen eines Gens sind,
- Allele sich auf den homologen Chromosomen am gleichen Genlokus befinden,
- sich ein dominantes Allel im Phänotyp durchsetzt,
- ein rezessives Allel nur dann zur Ausprägung kommt, wenn zwei rezessive Allele vorliegen.

Zum Thema **ABO-System** wird immer wieder gerne gefragt, dass
- die Blutgruppen des ABO-Systems auf Unterschieden der Glykokalix der Erythrozyten beruhen,
- in Deutschland die Blutgruppen A und 0 (je 40%) vorherrschen,
- die Blutgruppe A Antikörper gegen die Blutgruppe B entwickelt (und umgekehrt),
- sich bei der Blutgruppe 0 Antikörper gegen Blutgruppe A und B finden,
- es bei der Blutgruppe AB weder Antikörper gegen A noch gegen B im Serum gibt,
- dieses Wissen zur Vermeidung von Transfusionszwischenfällen wichtig ist.

Aus dem Bereich **Vererbungsgänge** sind folgende Fakten absolut prüfungsrelevant:
- Bei einem autosomal-dominanten Vererbungsgang beträgt das Risiko für die Kinder eines heterozygot erkrankten Elternteils ebenfalls zu erkranken 50%.
- Bei einem autosomal-rezessiven Erbgang beträgt das Erkrankungsrisiko für die Kinder heterozygoter Eltern 25%. (66% der phänotypisch gesunden Kinder sind heterozygot, 33% homozygot).
- Bei einem X-chromosomal-dominanten Erbgang gibt ein kranker Mann sein Leiden zu 100% an seine Töchter und überhaupt nicht an seine Söhne weiter. Heterozygote Mütter hingegen vererben ein Merkmal **nicht** geschlechtsspezifisch zu 50 % an ihre Nachkommen.
- Bei einem X-chromosomal-rezessiven Erbgang erkranken meist Männer. Heterozygote Frauen nennt man Konduktorinnen. Sie erkranken selber nicht, können das kranke Gen aber weitervererben.

Tipp: Bei diesen Zahlenbeispielen macht man sich die Vererbungsgänge am besten parallel mit einem Kreuzungsschema klar.

Bei dem Thema **Mutation** sollte man sich merken, dass
- Mutationen immer zufällig sind und dass zum Auftreten kein „Belastungsgrenzwert" überschritten werden muss,
- es unterschiedliche Konsequenzen einer Mutation geben kann; diese können zu einem Loss/Gain of Function oder zu keinen Auswirkungen führen,
- keine Auswirkungen auftreten können, wenn die Mutation zum Beispiel in einem Intron stattgefunden hat,
- die Sichelzellanämie Folge einer Punktmutation ist,
- eine Deletion oder Insertion eines Basenpaars zu einer Rasterschubmutation führen kann.

BASICS MÜNDLICHE

Was können Sie zur mitochondrialen Vererbung sagen?
Man findet mitochondriale Vererbung bei Krankheiten, die durch mtDNA (= mitochondriale DNA) hervorgerufen werden. Eine mitochondriale Vererbung erfolgt immer maternal (= mütterlich), da die männlichen Mitochondrien erst gar nicht in die Eizelle eindringen und somit auch nicht weitervererbt werden

Was besagen die Mendel-Gesetze?
Das 1. Mendel-Gesetz nennt man auch Uniformitätsgesetz: Kreuzt man zwei Homozygote verschiedener Allele, sind die Nachkommen uniform heterozygot.
Das 2. Mendel-Gesetz wird Spaltungsgesetz genannt: Kreuzt man Heterozygote, die das gleiche uniforme Allelpaar aufweisen, so spalten sich die Nachkommen im Verhältnis 1:2:1 auf.
Das 3. Mendel-Gesetz ist das Unabhängigkeitsgesetz: Kreuzt man homozygote Eltern, die sich in mehr als einem Allelpaar unterscheiden, so werden die einzelnen Allele unabhängig voneinander nach den ersten beiden Gesetzen vererbt. Allerdings müssen die Allele auf unterschiedlichen Chromosomen lokalisiert sein, damit sie nicht in der gleichen Kopplungsgruppe sind.

www.medi-learn.de

Welche strukturellen Chromosomenaberrationen kennen Sie?
- Bei der Deletion geht ein Teil eines Chromosoms verloren.
- Bei einer Duplikation wird ein Teil der genetischen Information verdoppelt.
- Mit Inversion bezeichnet man die Drehung eines Chromosomenstücks um 180 Grad. Diese Inversion kann para- oder perizentrisch sein.
- Bei der reziproken Translokation kommt es zum wechselseitigen Segmenttausch zwischen verschiedenen Chromosomen.
- Bei der nichtreziproken Translokation besteht diese Wechselseitigkeit nicht.
- Eine Sonderform stellt die Robertson-Translokation dar. Hier wird aus zwei akrozentischen Chromosomen ein metazentrisches Chromosom. Die Chromosomenzahl reduziert sich folglich auf 45.

BAKTERIEN & CO MACHEN EUCH ERST NACH DER PAUSE FROH...

3 Allgemeine Mikrobiologie und Ökologie

In diesem Kapitel geht es vorrangig um Bakterien, Pilze und Viren. Wir besprechen den allgemeinen Aufbau dieser Organismen und legen dabei besonderen Wert auf die medizinisch- und vor allem physikumsrelevanten Aspekte. Den krönenden Abschluss bildet dann ein kurzer Ausflug zu den gern gefragten Bereichen der Ökologie.

3.1 Prokaryonten und Eukaryonten

Grundsätzlich kann man zwei Organisationsformen von Zellen unterscheiden:
- die Prokaryonten (pro, lat. = vor; karyon, gr. = Kern) und
- die Eukaryonten (eu, gr. = gut).

Schon aus dem Namen lässt sich ein wichtiger Unterschied der beiden Zellen ableiten: Prokaryonten haben im Gegensatz zu Eukaryonten keinen Kern, sondern ein **Kernäquivalent**.

Die weiteren prüfungsrelevanten Unterschiede sind in nachfolgender Tabelle stichpunktartig aufgelistet und werden in den folgenden Abschnitten detailliert besprochen.

	Prokaryonten (= Prozyten)	Eukaryonten (= Euzyten)
Kern	• Kernäquivalent (= Nucleoid) • nur ein Chromosom • keine Introns • Plasmide	• Zellkern mit Kernmembran • mehrere Chromosomen • viele Introns
Zytoplasma	• geringe Kompartimentierung • 70S-Ribosomen • Zellorganellen fehlen = keine Mitochondrien, kein ER, kein Golgi-Apparat	• komplexe Kompartimentierung • 80S-Ribosomen • charakteristische Zellorganellen: Mitochondrien, ER, Golgi-Apparat
Energiestoffwechsel	Atmungskette an Zytoplasmamembran lokalisiert	Atmungskette in Mitochondrien lokalisiert
Größe	1-10 Mikrometer	10-100 Mikrometer
Beispiele	Bakterien, Blaualgen	Pilze

Tabelle 14: Physikumsrelevante Unterschiede Prokaryonten/Eukaryonten

3.2 Allgemeine Bakteriologie

Steigen wir nun in die Besprechung der Bakterien ein. Prüfungsrelevant sind zum einen Kenntnisse über die verschiedenen äußeren Erscheinungsformen, zum anderen die spezifischen Strukturmerkmale der Mikroorganismen. Einige dieser Besonderheiten sind bereits aus Tab. 14 (s. S. 12) ersichtlich.

3.2.1 Morphologische Grundformen

Die Zellwand bestimmt die Form der Bakterienzelle: ist sie kugelig aufgebaut, ist die Zelle ein Kokkus (= Kugel). Staphylokokken kommen im Haufen zu liegen, Streptokokken sind fadenförmig angeordnet. Wenn die Ultrastruktur der Zellwand gestreckt oder kurvig angeordnet ist, ergibt sich eine Stäbchen- oder Schraubenform. Schon mit diesen einfachen morphologischen Unterschieden lassen sich die Bakterien einteilen und systematisieren.

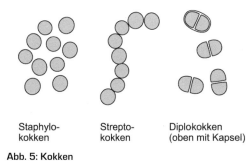

Abb. 5: Kokken

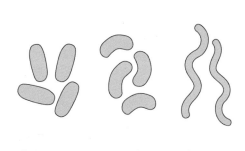

Abb. 6: Stäbchen und Schrauben

3.2.2 Bestandteile einer Bakterienzelle

Diese Übersichtszeichnung zeigt die obligaten und fakultativen Bestandteile einer Bakterienzelle, die in den folgenden Unterkapiteln näher erläutert werden.

Der Aufbau der Zellwand bei gram-negativen und gram-positiven Bakterien wird im Abschnitt 3.2.6, S. 17 behandelt.

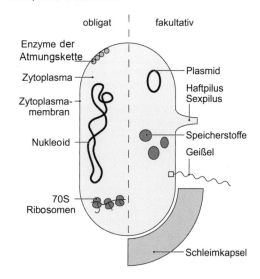

Abb. 7: Aufbau Bakterienzelle

3.2.3 Genetische Organisation einer Bakterienzelle

Im Gegensatz zu Eukaryonten haben Bakterienzellen keinen Zellkern, sondern ein **Nucleoid** (= Kernäquivalent). Hier liegt die bakterielle DNA **ohne** schützende Kernmembran und frei von Histonproteinen vor (vgl. Zellkern Biologie 1, Abschnitt 1.4).

Außerdem besitzen Bakterien nur **ein** Chromosom, in dem die genetische Information in Form von **haploider**, doppelsträngiger DNA gespeichert ist. Dieses Chromosom ist ringförmig, relativ kurz und bietet daher nur Platz für ca. 1000 Gene.

Die Gene liegen größtenteils **singulär** vor. Im Falle einer Mutation kommt es also oft zu einem Ausfall des betreffenden Gens, da der Defekt nicht durch ein intaktes Allel kompensiert werden kann (da die bakterielle DNA ja haploid ist...).

Ein weiterer Unterschied zu eukaryontischen Zellen besteht darin, dass die bakterielle DNA keine Introns besitzt. Hier liegen nur Exons vor, weshalb auch das Spleißen der hnRNA entfällt (vgl. mRNA-Reifung Biologie 1, Abschnitt 2.1.6). Wie sind nun diese Gene auf dem bakteriellen Chromosom angeordnet? Die Gene liegen überwiegend in **Funktionseinheiten** (= Operons) vor. Ein **Operon** besteht aus Strukturgenen und Kontrollelementen. Die Regulation ist relativ simpel: Über die Kontrollelemente wird die Ablesung der Strukturgene gesteuert.

Übrigens...
- Meistens werden **mehrere** Gene gleichzeitig abgelesen - ein Vorgang, den man **polycistronisch** nennt.
- Der genetische Code (vgl. Biologie 1, Abschnitt 2.1.3) ist bei Bakterien etwas anders als bei Eukaryonten, da zum Teil andere Codons für die Aminosäuren codieren.

Plasmide

Plasmide sind kleine extrachromosomale ringförmige DNA-Moleküle, die zusätzlich zur chromosomalen Erbinformation in der Zelle vorliegen können. In der Regel enthalten diese Plasmide Gene, die z.B. eine Resistenz gegen Antibiotika vermitteln. Solche Resistenzen nennt man **R-Faktoren**. Sie können an bestimmten Stellen in das Hauptchromosom integriert werden, woraufhin ihre genetische Information abgelesen wird.

Plasmide haben aber auch die Fähigkeit, sich unabhängig vom Hauptchromosom zu replizieren. So können sehr viele Plasmidkopien hergestellt werden, welche z.B. die entsprechenden Resistenzgene besitzen.

Eine weitere wissenswerte Eigenschaft der Plasmide ist, dass sie zwischen den Bakterien (sogar zwischen unterschiedlichen Spezies) ausgetauscht werden können. Dadurch können Bakterien z.B. eine Resistenz erhalten, die sie nicht selbst durch eine (sehr unwahrscheinliche) Mutation erworben haben.

Es werden aber nicht nur Resistenzen ausgetauscht, sondern auch **F-Faktoren** (= Fertilitätsfaktoren) und **Virulenzfaktoren**. Virulenzfaktoren sind Eigenschaften, die ein Bakterium aggressiver und pathogener machen. Beispiele für plasmidcodierte und damit austauschbare Eigenschaften sind Toxine und bakterielle Strukturen wie Fimbrien.

Übrigens...
Die Fähigkeit der Bakterien, untereinander Plasmide auszutauschen, hat weitreichende praktische Folgen
Leidet ein Patient z.B. an einer Infektion mit Bakterien, die eine plasmidcodierte Antibiotikaresistenz gegen Penicillin aufweisen, können sich die Resistenzen auch auf andere, vorher nichtresistente Bakterien ausbreiten.
Folge: Wird dem Patienten als Antibiotikum Penicillin verabreicht, so zeigen sich alle Bakterien davon unbeeindruckt, die diese genetische Zusatzinformation besitzen. Sie haben also durch den Plasmidaustausch einen bedeutenden Selektionsvorteil erworben.

MERKE:
Plasmide sind doppelsträngige, ringförmige extrachromosomale DNA.

Parasexualität

Es gibt bei Bakterien drei verschiedene Möglichkeiten der parasexuellen Übertragung (= nichtmeiotischen Rekombination) von genetischem Material:
- Bei der **Transformation** wird freie DNA **direkt** aufgenommen und ins Genom integriert. Diese Möglichkeit macht man sich medizinisch vor allem in der Gentechnik zunutze, indem man gereinigte DNA in die Bakterienzelle überträgt.
- Bei der **Transduktion** erfolgt der Transfer der DNA durch einen **Bakteriophagen**, der sie in das Bakterium injiziert. Dort wird die DNA dann in das Hauptgenom eingebaut.
- Bei der **Konjugation** wird zwischen zwei Bakterienzellen eine Zellplasmabrücke durch einen **Konjugationspilus** (= Sexpilus) aufgebaut. Um einen solchen Pilus aufbauen zu können, brauchen Bakterien einen F-Faktor (= Fertilitätsfaktor; F+ bezeichnet das Vorliegen eines solchen Faktors, bei F- fehlt er). Der Vorteil eines F+-Bakteriums ist seine zusätzliche Quelle von Genen, über die Resistenzen und Virulenzfaktoren erworben werden können.

MERKE:
Transformation: Übertragung von freier DNA
Transduktion: Übertragung von DNA mittels Bakteriophagen
Konjugation: Übertragung von DNA mittels Konjugationspilus (= Sexpilus)

Übrigens...
Ein Bakteriophage ist ein Virus, das nur Bakterien befällt.

Transposons
Transposons sind mobile genetische Einheiten. Man nennt sie auch **springende Gene**. Solch ein springendes Gen besitzt flankierende DNA-Sequenzen, die für eine Integration ins bakterielle Hauptchromosom, in ein anderes Plasmid oder in das Genom eines Bakteriophagen sorgen. Ein Transposon kann z.B. der Überträger einer Antibiotikaresistenz sein. Inseriert ein Transposon mitten in einem bakteriellen Gen, so führt dies zu einem Unfall = einer Mutation. Ist das Gen überlebenswichtig, kann dadurch das Bakterium sogar absterben.

3.2.4 Zytoplasma
Das bakterielle Zytoplasma besteht zum größten Teil aus Wasser (ca. 70%). Weitere Bestandteile sind z.B. verschiedene Eiweiße, Ionen, RNAs, Zucker und Stoffwechselintermediate. Aufgrund der Prüfungsrelevanz beschäftigen wir uns hier zum einen mit den prokaryontischen Ribosomen, zum anderen mit wichtigen bakteriellen zytoplasmatischen Enzymen: den Restriktionsendonucleasen.

Bakterielle Ribosomen
Das Zytoplasma ist bei Bakterien der Ort der Proteinbiosynthese. In Bakterien gibt es nämlich kein endoplasmatisches Retikulum. Daher wird die mRNA nur von freien Ribosomen abgelesen, an denen auch die Proteine entstehen. Solche freien prokaryontischen Ribosomen unterscheiden sich in ihrem Aufbau von den eukaryontischen Ribosomen.

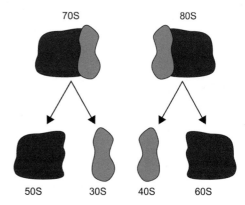

Abb. 8: Ribosomen

Es ist üblich, anstatt der Masse die Sedimentationskoeffizienten der Ribosomen anzugeben. Diese S-Werte sind NICHT additiv, daher ergeben die prokaryontischen 30S- und 50S-Untereinheiten ein 70S-Ribosom, und das eukaryontische 80S-Ribosom setzt sich aus einer 60S- und einer 40S-Untereinheit zusammen. Jede dieser Untereinheiten besteht aus **Proteinen** und **rRNA**.

MERKE:
Prokaryontische Ribosomen (= 70S) sind zwar aus anderen Untereinheiten aufgebaut als eukaryontische Ribosomen (= 80S), haben aber die gleiche Funktion: die Proteinbiosynthese.

Übrigens..
Der unterschiedliche Aufbau der pro- und eukaryontischen Ribosomen wird noch einmal bei der Besprechung der Antibiotika (s. 3.4, S. 24) relevant, da die 70S-Ribosomen **selektiv** angegriffen werden können.

Restriktionsendonucleasen
Restriktionsendonucleasen sind **bakterielle Endonucleasen** (= Enzyme), die im Zytoplasma vorliegen. Dort zerschneiden sie Fremd-DNA an spezifischen Sequenzen, sodass die fremde genetische Information zerstört wird. Bildlich kann man sich diese kleinen Enzyme als Aktenvernichter vorstellen, die unliebsame Rechnungen (= die fremde DNA), die durch den Briefschlitz ins Haus (= Bakterium) gekommen sind, zerstören.

Allgemeine Mikrobiologie und Ökologie

MERKE:
Restriktionsendonucleasen sind bakterielle Enzyme. Sie kommen beim Menschen nicht vor.

Viele Restriktionsenzyme spalten die DNA an palindromischen Sequenzen. Ein **Palindrom** ist eine zu sich selbst gegenläufige Sequenz. Anders ausgedrückt: Strang und Gegenstrang haben – wenn man sie beide in 5´-3´-Richtung liest – jeweils die gleiche Sequenz.

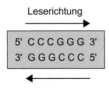

Abb. 9: Palindrom

Grundsätzlich können beim Schneiden stumpfe oder klebrige Enden entstehen. Liegen die Schnittstellen in beiden Strängen genau gegenüber, entstehen stumpfe Enden (= Blunt Ends), sind die Schnittstellen versetzt, entstehen klebrige Enden (= Sticky Ends), die die Fähigkeit haben, erneut aneinander zu binden.

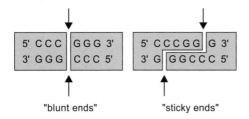

Abb. 10: Restriktionsendonucleasen

Übrigens...
In der Gentechnik macht man sich das spezifische Schneideverhalten der Restriktionsenzyme zunutze. Man kann z.B. ganz bestimmte DNA-Sequenzen herstellen, diese in einen Vektor (= Überträger) einbringen und in ein anderes Zellgenom einführen.
Auf diese Weise ist es möglich, Gene für Insulin in Bakterien einzuschleusen – eine elegantere und sauberere Möglichkeit, das Hormon zu gewinnen, als es aus den Bauchspeicheldrüsen von Tierkadavern zu extrahieren.

DAS BRINGT PUNKTE

Bei der allgemeinen Mikrobiologie und Ökologie liegt der Prüfungsschwerpunkt auf dem Bereich der Mikrobiologie. Hier sind noch einmal die Punktebringer der oft gefragten Unterthemen „**genetische Organisation**" und „**Bakteriengenetik**" aufgeführt. Unbedingt merken sollte man sich, dass

- Bakterienzellen ein Nucleoid (= Kernäquivalent) haben,
- Bakterien ein ringförmiges, singuläres Chromosom besitzen, in dem KEINE Introns vorkommen,
- der genetische Code bei Bakterien etwas anders ist als bei Eukaryonten
- Plasmide doppelsträngige, ringförmige, extrachromosomale DNA sind,
- Plasmide können R-Faktoren (= Resistenzfaktoren), F-Faktoren (= Fertilitätsfaktoren) oder andere Virulenzfaktoren beinhalten,
- Plasmide zwischen Bakterien (auch zwischen unterschiedlichen Spezies) ausgetauscht werden können,
- bei der Transformation freie DNA übertragen wird,
- bei der Transduktion der Transfer der DNA durch einen Bakteriophagen erfolgt und
- bei der Konjugation die Übertragung von DNA über einen Konjugationspilus gelingt.

BASICS MÜNDLICHE

Was ist ein Plasmid?
Plasmide sind kleine, extrachromosomale, ringförmige DNA-Moleküle. Sie liegen zusätzlich zur chromosomalen Erbinformation in der Zelle vor. Plasmide können ins Hauptgenom integriert werden – dann wird ihre Information abgelesen – oder an andere Bakterienzellen weitergegeben werden. Solch eine Gen-Weitergabe über einen Konjugationspilus ist ein Beispiel für Parasexualität bei Bakterien.
Plasmide können sog. R-Faktoren enthalten, die Resistenzen gegen bestimmte Antibiotika vermitteln.

Zeichen Sie bitte ein beliebiges Palindrom und erläutern Sie die medizinische Relevanz.
- Palindrom:
  GTTAAC
  CAATTG
- medizinische Relevanz:
  Bakterien besitzen Restriktionsendonucleasen, die DNA an spezifischen, palindromischen Sequenzen spalten können. So kann Fremd-DNA, die z.B. von einem Bakteriophagen injiziert wurde, abgewehrt werden.
  In der Gentechnik erzeugt man mit Hilfe der Restriktionsendonucleasen bestimmte DNA-Sequenzen und integriert diese in Bakterienzellen. So wird der Syntheseapparat der Bakterien ausgenutzt, um z.B. Insulin zu produzieren.

Was ist Parasexualität in bezug auf Mikroorganismen?
Man unterscheidet drei verschiedene Arten der Parasexualität von Bakterien:
Bei der Transformation wird freie DNA übertragen.
Bei der Transduktion erfolgt der Transfer der DNA durch einen Bakteriophagen. Bei der Konjugation wird ein Konjugationspilus genutzt, um die DNA zu übermitteln.

3.2.5 Zellmembran
Wie alle biologischen Membranen ist auch die bakterielle Zellmembran eine Einheitsmembran. Im Gegensatz zur menschlichen Zelle enthält sie aber **KEIN Cholesterin**.

> Übrigens...
> Manche bakteriellen Toxine greifen gezielt am Cholesterin an, ein sehr passender Mechanismus, da das toxinbildende Bakterium dadurch selbst nicht beschädigt wird.

Energiestoffwechsel
In der Zellmembran befinden sich bei den Bakterien die Enzyme der Atmungskette. Diese sind auf der Innenseite der Membran lokalisiert. Bakterien haben also KEINE Mitochondrien zur ATP-Synthese. Man nimmt vielmehr an, dass unsere Mitochondrien sich aus Bakterien entwickelt haben (s.Endosymbiontentheorie, Biologie 1, Abschnitt 1.6.1).

3.2.6 Zellwand
Fast alle Bakterien haben zusätzlich zur Zellmembran eine Zellwand, die sich wie ein Sack um die Bakterienzelle stülpt. Grundbaustein der Zellwand ist das **Murein**, ein lineares Heteroglykan, das lange Polysaccharidfäden ausbildet. Diese sind untereinander quervernetzt, sodass ein Mureinsack (= Mureinsacculus) entsteht.
Die bakterielle Zellwand hat mehrere Funktionen:
- Ihre Hauptaufgabe ist sicherlich der Schutz des Bakteriums vor äußeren Umwelteinflüssen = eine **mechanische Aufgabe**. Bedenkt man außerdem, dass in einem Bakterium Überdruck herrscht, so wird die Zelle durch die Zellwand vor spontaner Lyse bewahrt. Die Zellwand wirkt hier wie ein Korsett. Wird dieses Korsett an einer Stelle beschädigt, kann das Bakterium regelrecht auslaufen. Das Prinzip kann man sich an einem Fahrradreifen verdeutlichen: Auch hier herrscht ein Überdruck im Reifen. Beim Aufschlitzen mit einem Taschenmesser entweicht die Luft schwallartig und der Reifen ist platt.
- Wie bereits besprochen, ist die Ultrastruktur der Zellwand auch für die äußere Morphologie (= Kokkus, Stäbchen) verantwortlich (s. 3.2.1 S. 13). Daneben kann sie noch weitere Strukturen, wie z.B. Pili, organisieren.
- Schließlich wird durch die **Ultrafiltrationsfunktion** der Zellwand eine selektive Stoffaufnahme und -abgabe gewährleistet; Stoffe, die nicht durch die Maschen des Mureinsacks passen, bleiben daher draußen.

> Übrigens...
> Da Bakterien von außen in Form gehalten werden, benötigen sie kein Zytoskelett, wie es eukaryontische Zellen besitzen, um damit ihre Form zu wahren.

Der Aufbau der Zellwand ist bei gram-positiven und gram-negativen Bakterien sehr unterschiedlich. Vereinfachend kann man sagen, dass bei gram-positiven Bakterien das Mureinnetz aus bis zu 40 Schichten besteht, bei gram-negativen Bakterien sind es wesentlich weniger.

MERKE:
Das Kohlenhydratmakromolekül Murein ist charakteristisch für die Zellwand von Bakterien, da Murein sonst nicht in der Natur vorkommt.

Allgemeine Mikrobiologie und Ökologie

Übrigens...
- **Lysozym** – ein Enzym, das beim Menschen in der Tränenflüssigkeit, dem Speichel und in anderen Drüsensekreten vorkommt – hat die Fähigkeit, Mureinverbindungen zu spalten. Es gehört zur unspezifischen Immunabwehr.
- **Toll-Like-Rezeptoren (= TLRs)** sind Rezeptoren, die bestimmte krankheitsselektive molekulare Muster erkennen (= **PAMPs** = Pathogen Associated Molecular Patterns), die mit pathogenen Mikroorganismen, z. B. Bakterien und Viren assoziiert sind. Man zählt sie daher zu den **PRRs** (= Pattern Recognition Receptors). TLRs befinden sich auf Makrophagen, deren Phagozytosefähigkeit dadurch erleichtert wird. Bisher sind elf verschiedene TLRs bekannt; u.a wurden bakterielles Peptidoglycan und Lipoprotein, LPS und virale-RNA als Liganden nachgewiesen.

Gramfärbung
Die Gramfärbung (s. Abb. 12, S. 19) erlaubt die Klassifizierung in gram-positive und gram-negative Bakterien. Zunächst färbt man dabei die Bakterien mit einem blauen Farbstoff (= Gentaviolett). Dann behandelt man sie mit Alkohol und färbt mit einem roten Farbstoff (= Carbolfuchsin) gegen. Folge:
- Bei Bakterien mit dicker Zellwand (= gute Mureinausstattung) wird der blaue Farbstoff nicht durch den Alkohol ausgewaschen. Diese Bakterien bleiben daher blau und werden als gram-positiv bezeichnet.
- Bei Bakterien mit dünner Zellwand (= geringen Mureinmengen), wird der blaue Farbstoff durch den Alkohol ausgewaschen. Diese Bakterien werden rot gegengefärbt und als gram-negativ bezeichnet.

MERKE:
Gram-negative Bakterien erscheinen rot, gram-positive blau.

Aufbau gram-negativer und gram-positiver Bakterien
Gram-positive Bakterien weisen einen dicken Mureinsacculus auf. Darauf sind weitere Makromoleküle lokalisiert, die in der Wand (= **Teichonsäuren**) oder in der Zellmembran (= **Lipoteichonsäuren**) verankert sind. **Teichonsäuren** und **Lipoteichonsäuren** wirken pyrogen (= fiebererzeugend).

Gram-negative Bakterien besitzen nur eine dünne Mureinschicht, aber viele Lipoproteine. Sie haben außerdem noch eine **äußere Membran**, in der **Lipopolysaccharide** (= LPS) verankert sind. Das ist deshalb so wichtig, weil diese Lipopolysaccharide **Endotoxine** sind und wie Teichon- und Lipoteichonsäuren pyrogen wirken (s. Abb. 11).

Übrigens...
Kommt es unter einer Antibiotikatherapie zum massenhaften Absterben von z.B. **gram-negativen** Bakterien, so droht eine Schock- und Fiebersymptomatik. Erklärung: Bakteriensterben → Auflösung der äußeren Membran → Freisetzung von LPS.

L-Formen
Manche Bakterien können nach Verlust der Zellwand weiter überleben. Sie nehmen dann die L-Form an (= im Lister-Institut in London wurden die zellwandlosen Formen zuerst beschrieben). Dieser Zellwandverlust kann z.B. durch Antibiotika entstehen.

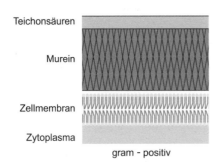 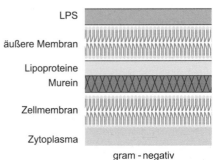

Abb. 11 Zellwand

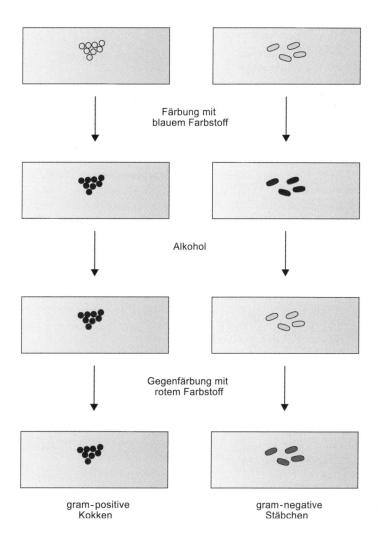

Abb. 12: Gram-positive und gram-negative Bakterien

Nach Abfallen des Wirkspiegels eines Antibiotikums können diese L-Formen ihre Wand allerdings wieder aufbauen und dann einen Rückfall verursachen. L-Formen sind den Mykoplasmen morphologisch ähnlich, die von vornherein keine Zellwand haben.

Mykoplasmen

Mykoplasmen sind sehr kleine Bakterien, die **KEINE Zellwand** besitzen. Dafür haben sie ein inneres Stützgerüst aus Proteinen und sind sehr formvariabel. Aufgrund der fehlenden Zellwand verfügen sie über eine **natürliche Resistenz** gegenüber Penicillin, einem Antibiotikum, das die Zellwandneusynthese (s. 3.4, S. 24) hemmt.

Mykobakterien

Mykobakterien sind unbewegliche Stäbchen. Sie ähneln vom Wandaufbau den gram-positiven Bakterien, haben allerdings in ihrer Wand einen **sehr hohen Wachs- und Lipidanteil**. Dieser bedingt ihre besondere Resistenz gegenüber Umwelteinflüssen.

Eine Anfärbung dieser Bakterien gelingt daher auch nur mit intensiven Methoden = heißer Farblösung. Sind die Mykobakterien jedoch einmal gefärbt, können sie auch mit Alkohol oder Säure nicht entfärbt werden. Daher werden sie auch als **säurefeste Stäbchen** bezeichnet.

Übrigens...

Mykobakterien haben eine sehr **lange Generationszeit** von bis zu 24h. Dieses Phänomen lässt sich über die aufwendige Synthese der Zellwand (= aufgrund des Wachs-und Lipidreichtums) erklären.

3.2.7 Kapsel

Manche Bakterien haben die Fähigkeit zur Bildung einer Schleimkapsel. Solch eine Kapsel erhöht die Virulenz des Bakteriums, da sie einen **Schutz vor Phagozytose** darstellt. Ein Beispiel dafür sind die Pneumokokken, die Kapseln ausbilden und sich so vor Makrophagen schützen können.

DAS BRINGT PUNKTE

Hier sind noch einmal die oft gefragten Fakten zu den Abschnitten „**Zellmembran**", „**bakterielle Zellwand**" und „**Kapsel**" aufgeführt. Man sollte sich aus diesen Bereichen besonders merken, dass
- Grundbaustein der Zellwand das Heteroglykan Murein ist,
- die Funktionen der Zellwand die Aufrechterhaltung der äußeren Form eines Bakteriums, die Ultrafiltrationsfunktion und der Schutz vor mechanischen Umwelteinflüssen sind,
- mit der Gramfärbung gram-positive (= erscheinen blau) und gram-negative Bakterien (= erscheinen rot) unterschieden werden können,
- gram-positive Bakterien einen dicken Mureinsacculus besitzen, gram-negative Bakterien dagegen wesentlich schwächer mit Murein ausgestattet sind,
- gram-negative Bakterien in der äußeren Membran Lipopolysaccharide (= LPS) besitzen, die beim Bakterienzerfall pyrogen wirken,
- L-Formen die Bakterien sind, die nach Zellwandverlust weiterleben können,
- Mykoplasmen keine Zellwand besitzen und daher eine natürliche Resistenz gegenüber Penicillin haben,
- Mykobakterien zu den säurefesten Stäbchen zählen und eine besonders resistente Zellwand haben, was auch der Grund für ihre lange Generationszeit ist und

- der Zellwand eine Kapsel aufliegen kann und diese vor Phagozytose schützt.

BASICS MÜNDLICHE

Wie unterscheiden sich gram-positive und gram-negative Bakterien?
Die Gramfärbung erlaubt die Klassifizierung in gram-positive und gram-negative Bakterien. Dabei erscheinen gram-positive Bakterien blau und gram-negative rot.
Der unterschiedlichen Anfärbbarkeit liegen Besonderheiten im Zellwandaufbau zugrunde.
Vereinfacht kann man sagen, dass gram-positive Bakterien eine dicke Zellwand aus vielen Mureinschichten haben. (Murein ist ein Heteroglykan, das nur bei Bakterien vorkommt.)
Dadurch verbleibt der blaue Farbstoff in ihrer Wand. Gram-negative Bakterien sind wesentlich schlechter mit Murein ausgestattet, der blaue Farbstoff lässt sich leicht entfernen, die Bakterien erscheinen daher rot gegengefärbt.

Was ist LPS?
LPS ist die Abkürzung für Lipopolysaccharide. Sie kommen auf der äußeren Membran von gram-negativen Bakterien vor. Sie wirken pyrogen (= fiebererzeugend).

NOCH NE KURZE PAUSE UND DANN AUF ZUM BAKTERIELLEN ENDSPURT!

3.2.8 Fimbrien/Pili
Fimbrien (= Pili) sind Fortsätze an der Oberfläche von Bakterien (s. Abb. 7, S.13). Man unterscheidet
- **Haftpili**, die für Adhäsionskontakte (z.B. an Epithelien) benötigt werden von
- **Konjugationspili** (= Sexpili), über die genetisches Material übertragen werden kann (s. Parasexualität, S. 14).

3.2.9 Geißeln
Manche Stäbchenbakterien besitzen die Fähigkeit, Geißeln auszubilden. Geißeln sind Fortbewegungsorganellen, die aus repetitiven Proteineinheiten aufgebaut sind (das Protein heißt **Flagellin**). Diese Proteinfäden haben die Eigenschaft, wie ein Propeller zu rotieren und dadurch das Bakterium fortzubewegen.
Man bezeichnet das Flagellin auch als **H-Antigen**. Da es in unterschiedlichen Formen vorkommt, kann man es zur Bakterientypisierung begeißelter Bakterien (z.B. E. coli) benutzen.
Je nach Art und Weise der Begeißelung unterscheidet man monotriche (= eine Geißel), lophotriche (= ein Bündel Geißeln) und peritriche (= über die ganze Zelle verteilte) Begeißelung.

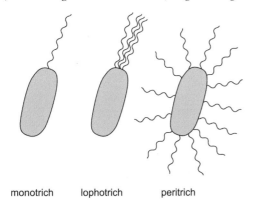

monotrich   lophotrich   peritrich

Abb. 13: Begeißelung

MERKE:
Alle Kokken sind unbegeißelt und daher auch unbeweglich.

Übrigens...
Schraubenbakterien können sich auch ohne Geißeln fortbewegen, indem sie um ihre eigene Achse rotieren.

3.2.10 Bakterielle Sporen
Bestimmte Bakterien haben die Fähigkeit zur **Sporulation**. Sie können unter ungünstigen Bedingungen eine wasserarme Dauerform (= Spore) ausbilden. Sporen enthalten die genetische Information des Bakteriums, etwas Zytoplasma und eine sehr robuste Sporenwand. Sie haben einen reduzierten Stoffwechsel und sind widerstandsfähig gegen Erhitzen, Austrocknen und andere Umwelteinflüsse. Unter guten Lebensbedingungen kann die Spore sich wieder in die **vegetative Form** eines Bakteriums (= normale Lebensform) umwandeln.

Übrigens...
- Sporen können nur von bestimmten Bakteriengattungen wie **Clostridien** und **Bacillus** gebildet werden.
- Es entsteht immer nur **eine** Spore aus **einem** Bakterium.
- Bacillus anthracis ist der Erreger des Milzbrandes. Während des Zweiten Weltkriegs experimentierten die Engländer auf einer Insel mit den Milzbrandsporen, worauf die Insel bis in die 90er Jahre unbewohnbar war...

MERKE:
Im Gegensatz zu Pilzsporen dienen bakterielle Sporen NICHT der Vermehrung.

3.3 Bakterienphysiologie
In diesem Abschnitt geht es darum, welche Ansprüche Bakterien an ihr Nährmedium stellen, damit sie im Körper oder auf einer Laborplatte wachsen können. Danach wenden wir uns einer exemplarischen Wachstumskurve einer Bakterienkolonie zu, da sich dabei wichtige Aussagen treffen lassen.

3.3.1 Nährmedium
Für die Anzucht von Bakterien kann man flüssige oder feste Nährböden benutzen. Wenn ein Bakterium sich vermehrt, wird bei der flüssigen Kultur eine **Trübung** und bei dem festen Nährboden eine **Kolonie** sichtbar.
Ein festes Nährmedium stellt man z.B. mit Agar her, einer Substanz aus Tang, die auch bei höheren Temperaturen ihre Konsistenz bewahrt.
Um zu wachsen, brauchen Bakterien Nährstoffe, die den Nährböden zugesetzt werden:
- Kohlenstoff wird dabei in Form von Glucose beigesetzt, die Stickstoffquelle ist meist Pepton (= verkochtes Fleisch).

Allgemeine Mikrobiologie und Ökologie

- Von den Mikroelementen wie z.B. Fe und Cu braucht ein Bakterium wesentlich weniger.

Übrigens...
Meistens reicht eine Bebrütungszeit von **12 Stunden** um eine Kultur zu bewerten. Ausnahme: langsam wachsende Bakterien wie Mykobakterien (s. 3.2.6 S. 19).

3.3.2 Verhalten gegenüber Sauerstoff

Es gibt sowohl **obligat aerobe** Bakterien, die nur in Anwesenheit von Sauerstoff wachsen, als auch **obligat anaerobe** Keime, für die Sauerstoff schädlich ist (s. Abb. 14).

Aerobe Keime gewinnen ihre Energie über die Atmungskette, für anaerobe Bakterien besteht diese Möglichkeit nicht – sie nutzen die Gärung. Zwischen diesen beiden Extremen sind die **fakultativ anaeroben** und die **fakultativ aeroben** Bakterien einzuordnen. Fakultativ anaerobe Bakterien sind in der Regel anaerob, können aber durchaus auch auf andere Stoffwechselwege umschalten, um Sauerstoff zu verbrauchen. Analog dazu sind die fakultativ aeroben Keime normalerweise aerob, können aber auch auf anaerobe Energiegewinnung ausweichen.

Zusätzlich dazu gibt es noch die **capnophilen** Keime, die einen hohen CO_2-Anteil in ihrer Umgebung bevorzugen.

3.3.3 Exkurs: Clostridienstämme

Clostridien (= gram-positive Stäbchen) sind nicht nur Sporenbildner (s. 3.2.10, S. 21), sondern auch ein gutes Beispiel für anaerobe Bakterien. Insgesamt existieren vier Unterarten, deren prüfungsrelevante Besonderheiten im folgenden erläutert werden.

1) Das Bakterium **Clostridium botulinum** produziert das **Botulinumtoxin** (= Botox), welches das stärkste bekannte Gift darstellt. Es hemmt die Acetylcholinfreisetzung an der motorischen Endplatte und führt so zu schlaffen Lähmungen. Klinisch kommt es zunächst an den kleinen Augenmuskeln zu Symptomen: Das früheste Zeichen sind Doppelbilder. Die Lähmungen können dann weiter fortschreiten und durch eine Atemlähmung zum Tod führen.
2) **Clostridium tetani** produziert das **Tetanustoxin**. Dieses Neurotoxin hemmt die Neurotransmitterausschüttung (= GABA und Glycin) an den inhibitorischen Synapsen spinaler

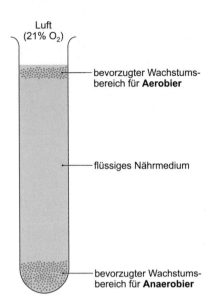

Abb. 14: Verhalten gegenüber Sauerstoff

Motoneurone. Hierbei wirkt es als Metalloprotease und spaltet ein bei der Exozytose der Transmitter unabdingbares Molekül: das Synaptobrevin. Durch den Wegfall der Inhibition kommt es zur Übererregbarkeit der Motoneurone. So kann man sich die auftretenden spastischen Lähmungen erklären. Klinisch imponiert unter anderem der **Risus sardonicus** (= Teufelsgrinsen), bei dem die Gesichtsmuskulatur zu einem „Lächeln" verkrampft.

3) **Clostridium perfringens** ist der Auslöser des Gasbrandes. Damit bezeichnet man eine rasch fortschreitende nekrotisierende Faszienentzündung, die Gott sei Dank nur sehr selten auftritt.
4) **Clostridium difficile** ist für antibiotikainduzierte Durchfälle verantwortlich. Die ausgelöste Erkrankung heißt pseudomembranöse Kolitis.

Übrigens...
- Der Name Clostridium botulinum kommt von „botulus" (= lat. Wurst). Denn in Wurstkonservenbüchsen war zu Zeiten früherer Konservierungstechniken, in denen Sporen nicht zuverlässig vernichtet wurden, eine sauerstoffarme, optimale Umgebung für das Auskeimen der Anaerobier gegeben.
- Botox wird auch gerne in der Schönheitschirurgie benutzt um Falten „wegzuspritzen".
- Sporen von Clostridien findet man im Erdboden

(= anaerobes Milieu). Wenn sie mit Staub und Dreck tief genug in eine Wunde gelangen, sind sie vor Sauerstoff geschützt und erfreuen sich bester Gedeihbedingungen. Dieser Infektionsweg ist klassisch für Tetanus und das Clostridium perfringens. Bei verschmutzten Wunden sollte man daher immer den Impfschutz gegen Tetanus überprüfen.

3.3.4 Verhalten gegenüber pH und Temperatur

Humanpathogene Keime bevorzugen beim pH-Wert und der Temperatur logischerweise das Milieu, welches im menschlichen Körper vorherrscht: sie haben ein Temperaturoptimum bei 37 Grad und schätzen einen relativ neutralen pH-Wert. Daher sind die Eintrittspforten des Körpers für viele Keime eine unüberwindbare Barriere – z.B. das saure Milieu des Magens (= pH 1) oder der Scheide (= pH 4,5).

> **Übrigens...**
> Es gibt auch ein Bakterium, das sich speziell an das Überleben im sauren Magen angepasst hat. Es heißt Helicobacter pylori und ist für viele Magengeschwüre verantwortlich.

3.3.5 Wachstumskurve einer Bakterienkultur

Die **Reduplikationszeit** (= Generationszeit) beträgt bei schnellwüchsigen Bakterien (z.B. E. coli) ca. **20 Minuten**. Das bedeutet, in dieser Zeit verdoppelt sich die Anzahl der Bakterien in einer Kultur. So können aus einem einzigen Bakterium nach einem Tag Bebrütungszeit Milliarden von Keimen entstehen.

Dabei ist die Generationszeit abhängig von äußeren Bedingungen wie Substratangebot, Temperatur und pH-Wert. Nur wenn alles optimal eingestellt ist, kann sich z.B. E. coli so schnell replizieren.

Bebrütet man eine frisch mit Bakterien ausgestattete Kultur, so lässt sich eine Wachstumskurve darstellen. An dieser Kurve sind verschiedene Bereiche wichtig:

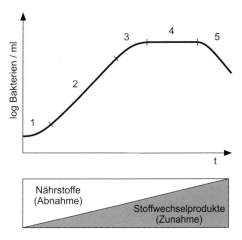

Abb. 15: **Wachstumskurve**

1. Während der **Lag-/Latenzphase** muss sich das Bakterium erst an das Nährmedium anpassen, und die Keime teilen sich langsam. Diese **Adaptation** bedingt den flachen Kurvenverlauf.
2. In der **Log-Phase** wird die maximale Teilungsrate erreicht und das Bakterienwachstum erfolgt **exponentiell**. Werden keine weiteren Nährstoffe zugesetzt, nimmt deren Angebot ab, während die Stoffwechselprodukte der Bakterien ansteigen.
3. In der **Retardationsphase** nimmt das Nahrungsangebot so weit ab, dass keine optimalen Zuwachsraten mehr erfolgen können – die Kurve flacht ab. Es ist auch denkbar, dass Stoffwechselprodukte der Bakterien das Wachstum hemmen. Die Produktion von Lactat (= Milchsäure) führt z.B. zu einer pH-Abnahme, sodass das Medium nicht mehr im optimalen pH-Wert-Bereich ist.
4. In der **stationären Phase** stellt sich ein Gleichgewicht zwischen absterbenden und entstehenden Bakterien ein. Diese Phase weist die maximale Populationsdichte auf.
5. Während der **Absterbephase** nimmt – durch ein immer weiter sinkendes Angebot an Nährstoffen – die Zahl der sterbenden Keime zu und die Kurve fällt. Am Ende der Absterbephase bleiben nur solche Bakterien übrig, die sich durch Spontanmutationen einen Vorteil aus den schlechten Bedingungen gemacht haben oder die die Fähigkeit zur Sporulation besitzen und so in ihrer Dauerform überleben.

3.4 Antibiotika

Antibiotika sind Mittel zur Bekämpfung von Mikroorganismen. Substanzen, welche die Vermehrung und das Wachstum von Bakterien hemmen, bezeichnet man als **bakteriostatisch**, Stoffe, die Bakterien abtöten, nennt man **bakterizid** (s. Abb. 16). Diese Begrifflichkeiten gelten auch für Pilze: fungistatisch und fungizid.

Es gibt zwar eine Vielzahl verschiedener Antibiotika, – im Rahmen der Biologie sind glücklicherweise jedoch nur solche mit den hier dargestellten zwei Angriffspunkten prüfungsrelevant.

Übrigens...
Weitere prüfungsrelevante Antibiotika erwarten euch in Band 4 der Biochemie

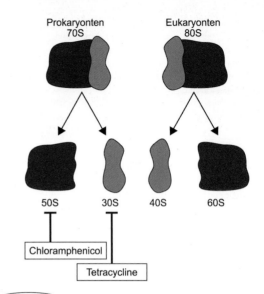

Abb. 17: Angriff am Ribosom

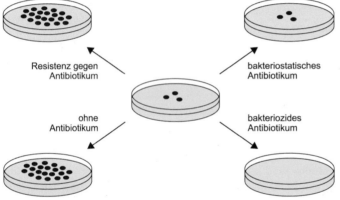

Abb. 16: Antibiotikawirkungen

3.4.1 Angriff am prokaryontischen Ribosom
- Das Antibiotikum **Chloramphenicol** hemmt die große (= 50S-)Untereinheit der Prokaryonten. Die große Untereinheit der eukaryontischen Ribosomen wird dagegen nicht beeinflusst.
- **Tetrazyclin** wirkt an der kleinen (= 30S-)Untereinheit der Prokaryonten hemmend. Aufgrund der unterschiedlichen Bauweise werden eukaryontische Ribosomen auch von diesem Antibiotikum nicht beeinflusst.

Beide Wirkstoffe hemmen also durch Angriff an den prokaryontischen Ribosomen die prokaryontische Proteinbiosynthese. Trotzdem weisen sie beim Menschen Nebenwirkungen auf, da sie die Translation in unseren Mitochondrien stören, die ja ebenfalls 70S-Ribosomen besitzen (s. Endosymbiontentheorie, Biologie 1, Abschnitt 1.6.1).

3.4.2 Angriff an der Zellwand
Penicilline gehören zu den **β-Lactamantibiotika** (= sie besitzen einen sehr reaktiven β-Lactamring). Ihre Wirkung besteht in der Hemmung eines bakteriellen Enzyms: der Transpeptidase. Diese ist für die Quervernetzung der Mureineinheiten in der Zellwand zuständig. Am empfindlichsten sind daher gram-positive Bakterien, da sie eine dicke Zellwand aufweisen.

3.4.3 Resistenzen
Hier unterscheidet man natürliche von erworbenen Resistenzen. Eine **natürliche Resistenz** liegt in den charakteristischen Eigenschaften von Bakterien begründet. Beispiel: Gegen Mykoplasmen, die keine Zellwand besitzen, wird man mit Penicillin wenig ausrichten können.

Damit Medizinstudenten eine sichere Zukunft haben
Kompetente Beratung von Anfang an

Bereits während Ihres Studiums begleiten wir Sie und helfen Ihnen, die Weichen für Ihre Zukunft richtig zu stellen. Unsere Services, Beratung und Produktlösungen sind speziell auf Ihre Belange als künftige(r) Ärztin/Arzt ausgerichtet:

- PJ-Infotreff
- Bewerber-Workshop
- Versicherungsschutz bei Ausbildung im Ausland
- Karriereplanung
- Finanzplanung für Heilberufe – zertifiziert durch den Hartmannbund

Zudem bieten wir Mitgliedern von Hartmannbund, Marburger Bund, Deutschem Hausärzteverband und Freiem Verband Deutscher Zahnärzte zahlreiche Sonderkonditionen.

Interessiert? Dann informieren Sie sich jetzt!
Bitte nutzen Sie unsere VIP-Faxantwort auf der Rückseite dieser Anzeige.

Deutsche Ärzte Finanz
Beratungs- und Vermittlungs-AG
Colonia Allee 10–20 · 51067 Köln
Telefon: 02 21/1 48-3 23 23
Telefax: 02 21/1 48-2 14 42
E-Mail: service@aerzte-finanz.de
www.aerzte-finanz.de

VIP-Faxantwort

Fax-Hotline: 02 21/1 48-2 14 42

Informieren Sie mich bitte zu den folgenden Themen:

☐ **Versicherungsschutz für Auslandsaufenthalte**
  ☐ Länderinformationen für Auslandsaufenthalte. Land: _____

☐ **Absicherung bei Berufsunfähigkeit**

☐ **Haftpflichtversicherung**
  ☐ Vorklinik ☐ Klinik ☐ Famulatur

☐ **Seminarangebote rund um Prüfungsvorbereitung, Bewerbung und Karriere**

☐ **Sonstiges:** _____

_____ _____
Name/Vorname   Straße/Ort

_____ _____
Telefon   Fax

_____ _____ _____
E-Mail   Universität   Semester

Ich wünsche eine persönliche Beratung. Bitte melden Sie sich zwecks Terminvereinbarung am günstigsten in der Zeit von _____ Uhr bis _____ Uhr unter der vorgenannten Rufnummer.

_____ _____
Datum   Unterschrift

Deutsche Ärzte Finanz
Beratungs- und Vermittlungs-AG
Colonia Allee 10–20 · 51067 Köln
Telefon: 02 21/1 48-3 23 23
Telefax: 02 21/1 48-2 14 42
E-Mail: service@aerzte-finanz.de
www.aerzte-finanz.de

Erworbene Resistenzen entstehen durch Mutationen und können durch Plasmide verbreitet werden. Beispiel: Die Gene für **β-Lactamasen**, die den essenziellen Betalactamring des Penicillins spalten und dadurch das Antibiotikum inaktivieren.

> **Übrigens...**
> Für solche Fälle hat man glücklicherweise heute die **Betalactamaseinhibitoren**, die einem empfindlichen Penicillin beigemischt werden können und es damit vor dem Abbau schützen.

MERKE:
Ein Überleben von Bakterien, die eigentlich durch einen Wirkstoff abgetötet werden sollten, bezeichnet man als Persistenz.

DAS BRINGT PUNKTE

Im Bereich „Bakterienphysiologie" ist es wissenswert, dass
- Bakterien bestimmte Ansprüche – in Bezug auf pH, Temperatur und Sauerstoffgehalt – an ihr Nährmedium stellen,
- für obligat aerobe Bakterien, die nur in Anwesenheit von Sauerstoff wachsen, die Abwesenheit von Sauerstoff tödlich ist,
- meist 12 Stunden Bebrütungszeit ausreichen, um eine Kultur zu bewerten,
- die Reduplikationszeit von E. coli ca. 20 Minuten beträgt und
- das Wachstum einer Bakterienkolonie bei optimalen Bedingungen exponentiell erfolgt.

Zu den Antibiotika...
- Bakteriostatische Antibiotika hemmen die Vermehrung und das Wachstum von Bakterien.
- Bakterizide Antibiotika töten Bakterien ab.
- Chloramphenicol hemmt die große (= 50S-)Untereinheit der Prokaryonten.
- Tetrazyklin wirkt an der kleinen (= 30S-)Untereinheit der Prokaryonten hemmend.
- Penicilline gehören zu den β-Lactamantibiotika. Sie hemmen die bakterielle Transpeptidase, die für die Quervernetzung der Mureineinheiten in der Zellwand zuständig ist.
- Erworbene Resistenzen entstehen durch Mutationen. Sie können durch Plasmide verbreitet werden.
- Natürliche Resistenzen haben ihren Ursprung in charakteristischen Eigenschaften von Bakterien (keine Zellwand = unempfindlich gegen Penicillin).

BASICS MÜNDLICHE

Wie wirken β-Lactamantibiotika?
β-Lactamantibiotika wie Penicilline greifen an der Zellwand der Bakterien an. Ihre Wirkung besteht in der Hemmung der Transpeptidase, eines bakteriellen Enzyms, das für die Quervernetzung der Mureineinheiten in der Zellwand zuständig ist.
Am empfindlichsten sind Bakterien, die eine dicke Zellwand aufweisen, also gram-positive Bakterien.

Kennen Sie Antibiotika, die an bakteriellen Ribosomen ansetzen?
Das Antibiotikum Chloramphenicol hemmt die große (= 50S-)Untereinheit der prokaryontischen Ribosomen. Tetrazyklin hingegen wirkt an der kleinen (= 30S-)Untereinheit. Beide Antibiotika wirken somit selektiv an bakteriellen Ribosomen, die eukaryontischen (80S-)Ribosomen werden nicht beeinflusst.
Es können jedoch Nebenwirkungen auftreten, da die (70S-)Ribosomen der Mitochondrien ebenfalls gehemmt werden.

Welche Bereiche können Sie an einer Wachstumskurve einer Bakterienkultur unterscheiden?
In der **Lag-Phase** passt sich das Bakterium zunächst den neuen Umweltbedingungen an. Das Wachstum verläuft also erst mal relativ schleppend. In der nächsten Phase, der **Log-Phase**, hat das Bakterium die Anpassung geschafft und wächst nun exponentiell.
Da Nährstoffe nicht unbeschränkt zur Verfügung stehen, wächst das Bakterium bald darauf langsamer. Dieses Phänomen trifft in der **Retardationsphase** auf. Nun folgt die **stationäre Phase**, in der die Bakterienpopulation zunächst noch konstant bleibt. Wenn sich das Nahrungsangebot bedenklich verschlechtert, erreicht die Kolonie die **Absterbephase** und die Bakterien gehen zu Grunde.

www.medi-learn.de

28 | Allgemeine Mikrobiologie und Ökologie

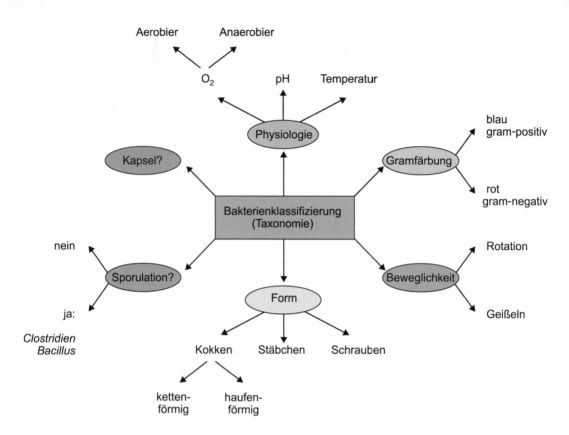

Abb. 18: Bakterienklassifizierung

3.5 Bakterienklassifizierung

Abbildung 18 fasst noch einmal die Merkmale zusammen, mit denen man Bakterien klassifizieren kann. Diese Merkmale bezeichnet man auch als taxonomische Merkmale.

In letzter Zeit wurden vermehrt einzelne Bakterienarten gefragt. Daher sollte man sich mit Tabelle 15 auf Seite 29 intensiver beschäftigen.

Übrigens...

Um auch euer visuelles Gedächtnis beim Lernprozess zu beanspruchen, ist jeweils eine Schemazeichnung des entsprechenden Bakteriums eingefügt. So lassen sich bereits auf einen Blick Besonderheiten erkennen:

- Die **Gramfärbung**: ist das Bakterium ausgefüllt gezeichnet bedeutet das gram-positiv, eine leichte Schattierung bedeutet gram-negativ.
- Ist das Bakterium haufenförmig, in Kettenform oder als Zweierkombo dargestellt, handelt es sich um die morphologische Grundform (s.a. 3.2.1, S. 13), in der das Bakterium vorkommt.

Anstelle netter Schemazeichnungen oder Bilder eines Bakterienabstrichs wurden im Physikum zu diesem Thema auch gerne Textaufgaben gestellt:

Beispiel 1:
Frage: Welche Bakterien stellen sich rund, in Haufen liegend, unbegeißelt und in der Gramfärbung blau dar?
Antwort/Kommentar: Da nach in Haufen liegenden, gram-positiven, unbegeißelten Kokken gefragt wird, handelt es sich hier um Staphylokokken.
Wären die Kokken kettenförmig angeordnet, würde es sich um Streptokokken handeln. Der Zusatz „unbegeißelt" ist unnötig, da alle Kokken keine Geißeln haben.
Frage: Kennen Sie ein Bakterium, dass sich länglich darstellt, in der Gramfärbung rot erscheint und ringsherum begeißelt ist?
Antwort: E. coli erfüllt die Kriterien, da es ein gram-negatives, peritrich begeißeltes Stäbchen ist.

Bakterienklassifizierung | 29

Bakterium	morphologische Schemazeichnung	Morphologie Erläuterung	Klinik (Auswahl)
Staphylokokken (S. aureus)		gram-positive Kokken haufenförmig angeordnet	Abszesse
Streptokokken		gram-positive Kokken fadenförmig angeordnet	Angina tonsillaris/Scharlach
Pneumokokken		gram-positive Kokken Diplokokken mit Kapsel	Pneumonie Impfstoff erhältlich
Meningokokken (= Neisserien)		gram-negative Kokken Diplokokken mit Kapsel	Meningitis Impfstoff erhältlich
Bacillus antracis		gram-positive Stäbchen Fähigkeit zur Sporulation	Milzbrand
Clostridien		gram-positive Stäbchen Fähigkeit zur Sporulation	Tetanus Botulismus (s. 3.3.3, S. 22)
Mykobakterien		gram-positive Stäbchen **säurefest**, mit Kapsel	Tuberkulose
Escherichia coli (E. coli)		gram-negative Stäbchen peritrich begeißelt	Harnwegsinfekte Wundinfekte
Helicobacter		gram-negative Stäbchen (gekrümmt)	Magenulkus Magenkrebs
Treponema		gram-negative Schraubenform (= Spirochätenform)	Syphilis (= Lues)

Tabelle 15: Prüfungsrelevante Bakterien

www.medi-learn.de

3.6 Pilze

Die Pilze sind von medizinischem Interesse, weil sie einerseits Mykosen (= Pilzbefälle von Haut und Schleimhäuten) verursachen und andererseits durch ihre Syntheseprodukte zu Vergiftungen führen können.

> **Übrigens...**
> Pilzerkrankungen gehören oft zu den opportunistischen Erkrankungen. Das bedeutet, dass sie erst im Zuge einer anderen Infektion manifest werden. Ein klinisches Beispiel: Eine Pilzbesiedelung des Mundraums (= **Soor**) wird bei einem gesunden Menschen nur äußerst selten beobachtet, aber bei einem AIDS-Kranken (mit unterdrücktem Immunsystem) ist sie relativ häufig.

Abb. 19: Sprosspilze (z.B. Candida albicans)

Auf Grund dieser medizinischen Relevanz beschäftigen wir uns nun etwas genauer mit den Pilzen: Pilze haben eine **Zellmembran** und eine **Zellwand**. Die Zellmembran besteht wie jede Biomembran aus einer Lipiddoppelschicht. Ein wichtiger Unterschied zu menschlichen Membranen ist aber, dass an Stelle des Cholesterins das Steroid **Ergosterol** vorkommt. Die Zellwand wird von diversen Proteinen und Polysacchariden wie **Chitin** und Glukanen gebildet.

Wie ernähren sich Pilze? Da sie kein Chlorophyll besitzen, sind sie auch nicht zur Photosynthese fähig. Pilze beziehen ihre Energie aus dem Abbau organischer Verbindungen. Diesen Energiegewinnungstyp bezeichnet man als heterotroph (s. Ökologie, ab S. 34).

MERKE:
Pilze sind Eukaryonten.

Klassifiziert man die Pilze anhand ihres Aussehens, so lassen sich zwei morphologische Grundformen unterscheiden, die man für das Physikum auch kennen sollte:
- Sprosspilze und
- Fadenpilze.

3.6.1 Sprosspilze

Sprosspilze sind Einzeller, die sich durch **Sprossung** vermehren. Das ist ein Vorgang, bei dem sich die Zellmembran ausstülpt und ein Tochterkern in diese Zellausbuchtung wandert. Wird diese Ausstülpung ganz abgetrennt, sind zwei Pilzzellen entstanden, bleibt eine Verbindung bestehen, spricht man von einem **Pseudomycel**.

3.6.2 Fadenpilze

Fadenpilze bilden röhrenartige Strukturen aus, wobei die einzelnen Zellen miteinander verbunden sind. Eine Zelle bezeichnet man als **Hyphe**, mehrere zusammengelagerte als **Mycel**.

> **Übrigens...**
> Fadenpilze vermehren sich durch **Sporenbildung**. Das darf man nicht mit der bakteriellen Sporenbildung verwechseln, bei der resistente Dauerformen entstehen (s. 3.2.10, S. 21).

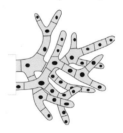

Abb. 20: Fadenpilze (z.B. Aspergillus)

3.6.3 Antimykotika

Antimykotika wirken meist am Ergosterol. Eine recht elegante Lösung, wenn man bedenkt, dass menschliche Zellen kein Ergosterol besitzen. Folgende Stoffklassen sollte man kennen:
- **Azole** (= Imidazol) hemmen die Ergosterolsynthese (somit wirken sie fungistatisch).
- **Polyene** (= Amphotericin B) binden an das Ergosterol in der Pilzzellwand. Sie bilden durch Seit-zu-Seit Interaktion kleine Poren, durch die die Membran instabil wird (= fungizide Wirkung). Leider binden Polyene auch zu einem geringen Prozentsatz an menschliches Cholesterin (aufgrund der Ähnlichkeit zu Ergosterol) und es können somit starke Nebenwirkungen auftreten.
- **Griseofulvin** hemmt die **Chitin**biosynthese. Es wird bevorzugt in keratinhaltiges Gewebe ein-

gelagert und eignet sich daher gut zur Therapie von Nagelpilzen.

Übrigens...
Die Anti-Pilz-Salbe Canesten® kennt ihr wahrscheinlich. Der darin enthaltene Wirkstoff ist ein Azol, und der Wirkmechanismus folglich die Hemmung der Ergosterolsynthese.

3.6.4 Pilztoxine
Die folgende Tabelle gibt einen Überblick über die prüfungsrelevanten Pilze und ihre Mykotoxine. Diese Gifte zu lernen, lohnt sich gleich zweifach, da sie nicht nur für das Physikum, sondern auch für die Klinik wichtig sind:

Pilz	Mykotoxin	Wirkung
Aspergillus **f**lavus (= ein Schimmelpilz)	**Af**latoxine	Aflatoxine sind hitzeresistent und stark leberkanzerogen
Amanita phalloides (= Knollenblätterpilz)	α-Amanitin	Das Gift hemmt eukaryontische RNA-Polymerasen, ist also ein Transkriptionshemmer
Claviceps purpurea (= Mutterkorn)	Ergotamin	Ergotamin ist ein Halluzinogen
Penicillium notatum (= ein Schimmelpilz)	Penicillin	Angriff auf die Zellwand (s. 3.4.2, S. 24)

Tabelle 16: Physikumsrelevante Pilze und Mykotoxine

3.7 Viren
In diesem Kapitel besprechen wir Viren, Viroiden und Prionen. Im schriftlichen Examen wird besonders der morphologische Aufbau der Viren geprüft. Spezifische Eigenschaften von Bakteriophagen und Retroviren sind ebenfalls gern gefragter Stoff. Steigen wir aber zunächst mit einigen allgemeinen Aussagen in die Virologie ein: Viren sind sehr kleine **subzelluläre** Gebilde. Ihre durchschnittliche Größe beträgt 0,1 Mikrometer, daher sind sie mit dem Lichtmikroskop (max. Auflösungsbereich 0,25 Mikrometer) nicht zu beobachten. Eine der Besonderheiten von Viren ist, dass sie **keinen** eigenen Stoffwechsel haben. Deshalb sind sie echte **Parasiten**, die einen Wirtsorganismus benötigen. Sie schleusen ihre genetische Information ein, integrieren sie ins Wirtsgenom und nutzen den fremden Syntheseapparat, um sich zu vermehren.

MERKE:
Die virale Vermehrung findet NICHT als Zellteilung statt, sondern durch Zusammenlagerung (= Assembly) einzelner viraler Molekülkomponenten.

3.7.1 Aufbau
Aus welchen Komponenten besteht ein Virus?

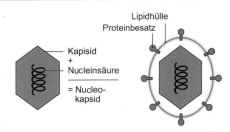

Abb. 21: Virusaufbau

Das virale Genom besteht **entweder** aus RNA oder aus DNA. Da nie beide Nucleinsäuren vorkommen, benutzt man die Art der Nucleinsäure auch als Klassifizierungsmerkmal. Man unterteilt die Viren so in
- RNA-Viren und
- DNA-Viren.

Das Genom ist dabei stets durch ein Kapsid (= Proteine) geschützt.

MERKE:
Kapsid und Genom zusammen bezeichnet man auch als Nucleokapsid.

Manche Viren haben außerdem noch eine **Hülle** (= Envelope), die dem Kapsid aufgelagert ist. Diese Lipidhülle geht aus der Membran derjenigen Zelle hervor, die das Virus gebildet hat.

3.7.2 Vermehrungszyklus

Der virale Befall von Wirtsorganismen folgt einem festgelegten Schema:

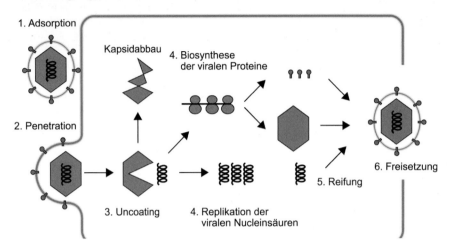

Abb. 22: Vermehrung/Viren

1. **Adsorption**: Dieser Vorgang bezeichnet die Anheftung des Virus an Rezeptoren der Wirtszelle.
2. **Penetration**: Darunter versteht man die Aufnahme des Nucleokapsids und einiger viraler Enzyme in die Wirtszelle.
3. **Uncoating**: Nun wird das Nucleokapsid in die Nucleinsäure und das Kapsid zerlegt. Das Kapsid wird weiter abgebaut und die Nucleinsäure in das Wirtsgenom integriert.
4. **Protein- und Nucleinsäuresynthesephase**: Im Laufe dieser Phase wird die genetische Information durch den Wirt repliziert und transkribiert. Dadurch entstehen die viralen Nucleinsäuren (= RNA oder DNA) und virale mRNA. Die virale mRNA wird translatiert und es entstehen virale Proteine, die für den Aufbau neuer Viren benötigt werden.
5. **Virusreifung**: Zu guter Letzt werden noch die einzelnen viralen Komponenten zusammengesetzt.
6. **Freisetzung**: Die fertigen Viren verlassen die Zelle dann auf unterschiedlichen Wegen:
   - **Knospung**: Manche Viruspartikel (nicht alle!) nehmen jeweils ein Stück Zellmembran mit. Die Membran bezeichnet man auch als (Virus-)Hülle. Dieser Freisetzungsvorgang ist in der Zeichnung dargestellt.
   - **Lyse**: die Wirtszelle wird zerstört, die Viruspartikel verlassen gleichzeitig die Zelle. Diese besonders aggressive Form der Virusfreisetzung kennzeichnet meist solche Erreger, die einen akuten Krankheitsverlauf verursachen.
   - **Exozytose**: eine „sanfte" Form der Virusfreisetzung über normale Exozytosevorgänge.

MERKE:
Die Virushülle leitet sich von der Wirtszellmembran ab.

3.7.3 Bakteriophagen

Viren, die an spezifische Rezeptoren auf einer **Bakterien**oberfläche binden und daraufhin ihre virale DNA injizieren, nennt man Bakteriophagen oder kurz: Phagen.
Diese Viren werden weiter unterteilt in
- **temperente** Phagen und
- **virulente** Phagen.

Während virulente Phagen die Wirtszelle zerstören (= lysieren), lassen temperente Phagen sie am Leben.

Übrigens...
Manche Bakterien sind stumm mit einem Phagen infiziert. Den Besitz eines solchen induzierbaren Prophagen nennt man **Lysogenie**.

3.7.4 Retroviren (= RNA-Viren)

Alle Retroviren besitzen als Nucleinsäuren RNA. Diese kann daher nicht direkt in das Wirtsgenom (= DNA) integriert werden, sondern muss erst in DNA umgeschrieben werden. Zu diesem Zweck besitzen Retroviren das Enzym **reverse Transkriptase**, das eine RNA-abhängige DNA-Synthese durchführen kann. Bekanntester Vertreter dieser Viren ist das HIV.

Übrigens...
- HI-Viren (= Human Immunodeficiency Virus) befallen vorwiegend T-Helferzellen. Der Grund dafür ist relativ einfach: das Virus bindet an spezifische Rezeptoren (CD 4), die fast nur auf T-Helferzellen zu finden sind. Durch den fortschreitenden Ausfall der T-Lymphozyten entsteht das Vollbild AIDS. (=Acquired Immunodeficiency Syndrome).
- Die reverse Transkriptase wird auch in der Gentechnik verwendet. Man kann mit Hilfe des Enzyms eine DNA-Kopie einer mRNA anfertigen. Diese nennt man cDNA (= copyDNA). Die cDNA kann nun über einen Vektor (= Überträger) in ein Bakteriengenom überführt werden und zur gentechnischen Synthese von Proteinen dienen.

3.7.5 Viroide

Viroide sind kleine zirkulär geschlossene RNA-Elemente. Sie liegen nackt vor, d.h. sie haben weder Kapsid noch Hülle. Wie Viren werden sie daher vom Wirtsorganismus vermehrt. Viroide gelten als Erreger von Pflanzenkrankheiten.

MERKE:
Viroide sind KEINE „Defektmutanten" von Viren.

3.7.6 Prionen

Prionen sind infektiöse Eiweißpartikel (= Proteine), bei denen sich **keine** Nucleinsäuren nachweisen lassen. Sie gelten als Auslöser der Creutzfeldt-Jakob-Krankheit.
Im Tierreich lösen Prionen Scrapie (bei Schafen) und die bovine spongioforme Enzephalopathie (= BSE) aus.

DAS BRINGT PUNKTE

Aus den Bereichen „**Pilze**" und „**Viren**" gibt es einige wichtige Punktebringer:
- Pilze sind heterotrophe Eukaryonten, die sich durch Sporenbildung vermehren.
- Pilze können Mykosen und Vergiftungen hervorrufen.
- Der Schimmelpilz Aspergillus flavus produziert stark leberkanzerogene Aflatoxine.
- Viren bestehen aus einer Nucleinsäure (RNA oder DNA) und Proteinen. Fakultativ kann noch eine aus der Wirtsmembran abgeleitete Hülle vorhanden sein.
- Viren besitzen keinen eigenen Stoffwechsel und sind somit Parasiten.
- Viren können ihre Wirtszelle über verschiedene Wege verlassen: Knospung, Exozytose oder Lyse.
- Bakteriophagen sind bakterienspezifische Viren.
- Retroviren besitzen als Nucleinsäure RNA und benötigen deshalb das Enzym reverse Transkriptase.
- Prionen sind „nackte" Eiweißpartikel. Sie lösen z.B. BSE aus.

BASICS MÜNDLICHE

Erläutern Sie bitte den Vermehrungszyklus von Viren. Zunächst heftet sich das Virus an Rezeptoren der Wirtszelle an. Diesen Vorgang bezeichnet man als Adsorption. Nun folgt die Penetration, durch die das Virus in die Zelle gelangt. Beim Uncoating wird das Nucleokapsid in die Nucleinsäure und das Kapsid zerlegt. Die Nucleinsäure kann in das Genom eingebaut werden und das Kapsid wird abgebaut. Es folgt eine Phase der Protein- und Nucleinsäuresynthese. Die virale genetische Information wird durch den Wirt repliziert und transkribiert. Es entstehen virale Nucleinsäuren und virale mRNA, die translatiert wird. Die so entstehenden viralen Proteine und Nucleinsäuren werden für den Aufbau neuer Viren benötigt. Am Ende werden die einzelnen viralen Komponenten zusammengesetzt. Die fertigen Viren können die Zelle durch Knospung oder Zerstörung der Wirtszelle verlassen.

Was wissen Sie über Retroviren?
Retroviren besitzen die Nucleinsäure RNA. Da diese nicht direkt in das Wirtsgenom integriert werden kann – das geht nur mit DNA – besitzen Retroviren ein spezielles Enzym: die reverse Transkriptase. Diese kann eine RNA-abhängige DNA-Synthese durchführen. Bekanntester Vertreter der Retroviren ist das HIV.

Was ist das Besondere bei Bakteriophagen?
Bakteriophagen sind Viren, die Bakterien befallen. Sie binden an spezifische Rezeptoren auf einer Bakterienoberfläche, daraufhin injizieren sie ihre virale DNA in das Bakterium.

Was können Sie zu Prionen sagen?
Prionen sind infektiöse Eiweißpartikel. Es lassen sich keine Nucleinsäuren nachweisen.
Prionen gelten als Auslöser der Creutzfeldt-Jakob-Krankheit und von BSE.

3.8 Ökologie
Steigen wir nun in das letzte Kapitel dieses Skripts, die Ökologie, ein. Hier wird zum einen geprüft, wie sich Organismen zueinander verhalten, zum anderen werden im Physikum Kenntnisse über den hier dargestellten Stoffkreislauf der Nahrungskette erwartet.

3.8.1 Symbiose
Mit Symbiose bezeichnet man eine Form des Zusammenlebens, die **für beide Partner von Nutzen** ist. Ein wichtiges Beispiel sind unsere Darmbakterien (= E. coli): Sie verdauen die für den Menschen unbrauchbare Zellulose und liefern uns dafür wichtige Vitamine, die wir über die Darmschleimhaut aufnehmen.

3.8.2 Kommensalismus
Unter Kommensalismus (= Tischgemeinschaft) versteht man eine friedliche Koexistenz.
Im Tierreich kann man z.B. Löwen und Fliegen als kommensalisch bezeichnen, wenn sie zusammen einen Elefanten verspeisen. Ein anderes Beispiel ist die Hautflora des menschlichen Körpers, die viele kommensale Keime aufweist. Diese Keime ernähren sich von unseren Hautabschilferungen und Talgablagerungen. Von gegenseitigem Nutzen kann man nicht sprechen, sonst wäre es ja auch eine symbiotische Beziehung.

> **Übrigens...**
> Im Wort Kommensalismus steckt ja das Wort **Mensa** und das ist sicherlich jedem bekannt...

3.8.3 Parasitismus
Mit Parasitismus (= Schmarotzertum) bezeichnet man eine Beziehung, bei der ein Partner den anderen schädigt und sich auf dessen Kosten einen Vorteil verschafft. Beginnen wir auch hier mit einem Beispiel aus dem Tierreich: Ein Kuckuck legt seine Eier in fremde Nester und überlässt das Brüten und die Brutpflege anderen Tieren, deren eigene Jungen dafür zum Wohle des Kuckucks sterben müssen. Parasiten des Menschen sind z.B. Viren. Sie sind obligat intrazelluläre Parasiten, die den Wirtsorganismus nutzen, um sich zu vermehren und ihn dadurch schädigen.

> **Übrigens...**
> Neben den Viren sind auch die Bakterienarten Rickettsien und Chlamydien intrazelluläre Parasiten.

3.8.4 Die Nahrungskette
Von allen Stoffkreisläufen in der Biologie ist die Nahrungskette als einziger prüfungsrelevant.
Bevor wir gleich die Nahrungskette näher beleuchten, vorweg noch zwei wichtige Definitionen:
- **Autotrophe** Organismen leiten ihre Energie primär aus der Sonne oder anderen anorganischen Substraten ab. Solche Organismen sind damit nicht auf die Aufnahme von anderen organischen Substraten angewiesen.
- **Heterotroph** sind solche Organismen, die ihre Energie aus dem Abbau organischer Substanzen beziehen.

Im Prinzip sind heterotrophe Organismen also auf die „Aufnahme" anderer Organismen angewiesen, während autotrophe Lebensformen ihre Energie selber, ohne die Aufnahme organischer Substanzen, herstellen können.

> **Übrigens...**
> - Wir Menschen sind heterotroph. Manch einer behauptet zwar, er bekäme Energie durch ein Sonnenbad, satt geworden ist davon aber noch keiner...
> - Autotrophe Organismen sind z.B. grüne Pflanzen, die ihr Chlorophyll zur Photosynthese nutzen.

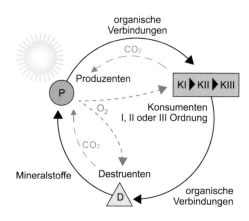

Abb. 23: Nahrungskette

Dabei entstehen unter aerober und anaerober Zersetzung typischerweise folgende Gase:
aerob: CO_2 (= Kohlendioxid)
anaerob: CH_4 (= Methan),
H_2S (= Schwefelwasserstoff)

Schwermetalle wie Quecksilber können nicht durch Bakterien abgebaut werden. Folglich reichern sich solche Substanzen über die Nahrungskette an und belasten am Ende den Menschen...

Folgende Fakten sollte man sich zur **Ökologie** merken:
- Die Definitionen von Symbiose, Kommensalismus und Parasitismus (s. Basics fürs Mündliche).
- Heterotrophe Lebewesen gewinnen ihre Energie aus dem Abbau organischer Substanzen.
- Autotrophe Organismen gewinnen ihre Energie aus der Sonnenstrahlung durch Photosynthese oder durch andere anorganischen Substrate.
- Eine Nahrungskette besteht aus Produzenten, Konsumenten und Destruenten.
- Konsumenten und Destruenten sind heterotroph.

So, und jetzt geht`s zum Endspurt mit der Nahrungskette:
Eine Nahrungskette beginnt mit autotrophen **Produzenten** = grünen Pflanzen, die zur Photosynthese befähigt sind. Diese werden von Pflanzen fressenden Tieren (= Herbivoren) verspeist, die ihrerseits Nahrungsgrundlage für Fleisch fressende Tiere (= Karnivoren) sind. Herbivoren und Karnivoren werden als primäre und sekundäre **Konsumenten** bezeichnet.
Tertiärkonsumenten sind Karnivoren, die sich von schwächeren Karnivoren ernähren. Geschlossen wird der Stoffkreislauf durch die **Destruenten** (= Mikroorganismen: Bakterien, Pilze,...). Diese verwerten tote Produzenten und Konsumenten und stellen die entstehenden Mineralstoffe dem Stoffkreislauf erneut zur Verfügung.

MERKE:
Konsumenten und Destruenten sind heterotroph.

Abbau/Anreicherung von Schadstoffen
Am Abbau organischer Substanzen sind Mikroorganismen beteiligt. Beispielsweise können in Gewässern natürliche Verschmutzungen (= z.B. Fäkalien) durch sauerstoffverbrauchende Bakterien abgebaut werden. Dabei spricht man von der Selbstreinigung eines Gewässers. Solche Bakterien macht man sich auch in Kläranlagen zu Nutze.

Welche Arten des Zusammenlebens von Lebewesen kennen Sie?
Man unterscheidet Symbiose, Kommensalismus und Parasitismus.
- Bei der Symbiose ist die Form des Zusammenlebens für beide Partner von Vorteil.
- Unter Kommensalismus versteht man eine Tischgemeinschaft mit friedlicher Koexistenz.
- Mit Parasitismus bezeichnet man eine Beziehung, bei der ein Partner den anderen schädigt und sich auf dessen Kosten einen Vorteil verschafft.

Index

Symbole
70S-Ribosomen 12
80S-Ribosomen 12
α-Amanitin 31
β-Lactamantibiotika 24, 27

A
ABO-System 11
Absterbephase 23
Adsorption 32
Aflatoxine 31, 33
Agar 21
Agglutination 3
AIDS (=Acquired Immunodeficiency Syndrome) 33
Allel 1, 11, 13
- dominantes Allel 1
- rezessives Allel 1
Amanita phalloides 31
Amphotericin B 30
Antibiotika 24
Antibiotikaresistenz 14
Antizipation 1
Aspergillus flavus 31, 33
Assembly 31
autosomal-rezessiv 6
Autotrophe 34, 35
Azole 30

B
Bacillus 21
Bakterien 13
- capnophile 22
- fakultativ anaerobe 22
- obligat aerobe 22, 27
- obligat anaerobe 22
Bakterienklassifizierung 28
Bakterienphysiologie 21, 27
Bakterienzelle 13
Bakteriophagen 14, 15, 16, 32, 33, 34
bakteriostatisch 24, 27
bakterizid 24, 27
Begeißelung 21
- lophotriche 21
- monotriche 21
- peritriche 21
Belastungsgrenzwert 9
Betalactamaseinhibitoren 27
Betalactamasen 27
Blunt Ends 16
Blutgruppen 11
Blutgruppensystem 3, 5
- ABO 3
- MN 5
Botox 22
Botulinumtoxin 22
BSE 33, 34

C
Carbolfuchsin 18
CD 4 33
Chinin 30
Chitin 30
Chloramphenicol 24, 27
Chlorophyll 34
Cholesterin 17
Chorea Huntington 1
Chromosom 13
Claviceps purpurea 31
Clostridien 22
Clostridium 21
Clostridium botulinum 22
Clostridium difficile 22
Clostridium tetani 22
Codominanz 1

D
Destruenten 35
DNA 33
- cDNA 33
dominantes Allel 1
Dominanz 1

E
E. coli 23
Endosymbiontentheorie 17
Endotoxine 18
Envelope 31
Ergosterol 30
Ergotamin 31
Eukaryonten (= Euzyten) 12
eukaryontische Ribosomen (= 80S) 15

Exozytose 32, 33
Expressivität 1, 6

F
fakultativ aerobe Bakterien 22
fakultativ anaerobe Bakterien 22
F-Faktoren 14, 16
F1-Generation 2
F2-Generation 2
Fadenpilze 30
Farbenblindheiten 7
Filialgeneration 2
Fimbrien/Pili 21
Flagellin 21
Fragile X-Syndrom 1
fungistatisch 24
fungizid 24

G
Geißeln 21
Generationszeit 20, 23
Genlokus 1
Genom 31
- virales 31
genomisches Imprinting 1
Genotyp 1
Gentaviolett 18
Gewässer 35
Glykokalix 3, 11
gram-negativ 20
gram-positiv 20
Gramfärbung 18, 20, 28

H
Hämophilie A und B 7
H-Antigen 21
Helicobacter pylori 23
Herbivoren 35
Heterogenie 1
Heterotroph 30, 34, 35
heterozygot 1, 2
HIV 34
homozygot 1, 2
Hülle 31, 33
Human Immunodeficiency Virus 33
Hyphe 30

I
Imidazol 30

K
Kapsel 20
Kapsid 31, 33
Karnivoren 35
Kernäquivalent (= Nucleoid) 12, 16
Knollenblätterpilz 31
Knospung 32, 33
Kohlendioxid 35
Kokkus 13
Kolonie 21
Kommensalismus 34, 35
Konduktorin 7, 11
Konjugation 14, 16, 17
Konjugationspilus 14, 16, 17
Konsumenten 35
Kopplungsgruppe 11
Kreutzfeld-Jakob-Krankheit 33
Kreuzschemata 2
Kultur 23

L
L-Formen 18, 20
Lag-Phase 23
Lektine 3
Lipopolysaccharide 18, 20
Lipoteichonsäuren 18
Log-Phase 23
Loss/Gain of Function 9, 11
LPS 20
Lyse 32, 33
Lysogenie 32
Lysozym 18

M
Malaria 10
maternal 8
Mendel-Gesetze 2
- 1. Mendel-Gesetz (=Uniformitätsgesetz) 2, 11
- 2. Mendel-Gesetz (= Spaltungsgesetz) 2, 11
- 3. Mendel-Gesetz (= Unabhängigkeitsgesetz) 2, 11
Methan 35
Mikroelemente 22

Milzbrandsporen 21
Mitochondrien 24
MN-Blutgruppensystem 5
mtDNA 8
Mukoviszidose 6, 9
Multiple Allelie 1
Murein 17, 20
Mureinsacculus 18, 20
Mutation 9, 11, 13
Mutationsrate 6
Mutterkorn 31
Mycel 30
Mykobakterien 19, 20
Mykoplasmen 18, 20
Mykosen 30, 33
Mykotoxine 31
myotone Muskeldystrophie 1, 7

N
Nährmedium 21
Nahrungskette 34, 35
Nucleoid (= Kernäquivalent) 13, 16
Nucleokapsid 31, 33

O
obligat aerobe Bakterien 22
obligat anaerobe Bakterien 22
Ökologie 34
Operon 14

P
Palindrom 16
Parasexualität 14, 16
Parasiten 31, 33
Parasitismus 34, 35
Parenteralgeneration 2
Penetranz 1, 6
Penetration 32, 33
Penicillin 24, 27, 31
Penicillium notatum 31
Pepton 21
Persistenz 27
Phagen 32
Phagozytose 20
Phänotyp 1, 11
Phenylketonurie (= PKU) 6
Photosynthese 34, 35
Pili 21
- Haftpili 21
- Konjugationspili 21
Pilze 30, 33
Pilztoxine 31
Plasmid 14, 16, 27
Pleiotropie 1
polycistronisch 14
Polyene 30
Prionen 33, 34
Produzenten 35
Prokaryonten 12
prokaryontische Ribosomen (= 70S) 12, 15
Promotorbereich 9
Pseudodominanz 6
Pseudogen 9
Pseudomycel 30
Punktmutation 10, 11
pyrogen 18

R
R-Faktoren 14, 16
Rasterschub-Mutation (= Frameshift) 10, 11
Reduplikationszeit 23, 27
Resistenz 19
- erworbene Resistenz 27
- natürliche Resistenz 24
Restriktionsendonucleasen 15
Retardationsphase 23
Retroviren 33, 34
reverse Transkriptase 33, 34
rezessives Allel 11
Rezessivität 1
Ribosomen 15, 24, 27
- bakteriellen 24, 27
- eukaryontischen 15
- prokaryontischen 24
Risus sardonicus 22

S
säurefeste Stäbchen 19
Schadstoffe 35
- Selbstreinigung 35
Schmarotzertum 34
Schraubenform 13
Schwefelwasserstoff 35
Sedimentationskoeffizienten 15
Sichelzellanämie 10, 11
Skorbut 10
Soor 30

spongioforme Enzephalopathie 33
Sporen 21
Sporulation 21, 23
springende Gene 15
Sprosspilze 30
Sprossung 30
Stäbchen 13
Staphylokokken 28
stationäre Phase 23
Sticky Ends 16
Stoppcodon 10
Streptokokken 28
Symbiose 34, 35
Synaptobrevin 22

T
Teichonsäuren 18
Tetanustoxin 22
Tetrazyclin 24, 27
Transduktion 14, 16, 17
Transformation 14, 16, 17
Transpeptidase 24, 27
Transposons 15
Triplettexpansion 1

U
Uncoating 32, 33
Uniformität 2

V
Vaterschaftstest 5
vegetative Form 21
Vektor 16
Vererbungsgänge 3, 11
 - autosomal-dominant 6, 11
 - autosomal-rezessiv 6, 11
 - gonosomal-dominant 7
 - gonosomal-rezessiv 7
 - maternal 7
 - mitochondrial 8, 11
 - X-chromosomal-dominant 7, 11
 - X-chromosomal-rezessiv 7, 11
Viren 31, 33
 - DNA 31
 - RNA 30, 31
 - Vermehrungszyklus 32
Viroide 33
Virulenzfaktoren 14, 16

Virusreifung 32

W
Wachstumskurve 23
Wirtsgenom 31
Wunde 23

X
X-chromosomal 7
X-chromosomal-rezessiv 7

Z
Zellulose 34
Zellwand 17, 20, 24
Zytoplasma 15

www.medi-learn.de

Eure Meinung ist gefragt

Unser Ziel ist es, euch ein perfektes Skript zur Verfügung zu stellen. Wir haben uns sehr bemüht, alle Inhalte korrekt zu recherchieren und alle Fehler vor Drucklegung zu finden und zu beseitigen. Aber auch wir sind nur Menschen: Möglicherweise sind uns einige Dinge entgangen. Um euch mit zukünftigen Auflagen ein optimales Skript bieten zu können, bitten wir euch um eure Mithilfe.

Sagt uns, was euch aufgefallen ist, ob wir Stolpersteine übersehen haben oder ggf. Formulierungen präzisieren sollten. Darüber hinaus freuen wir uns natürlich auch über positive Rückmeldungen aus der Leserschaft.

Eure Mithilfe ist für uns sehr wertvoll und wir möchten euer Engagement belohnen: Unter allen Rückmeldungen verlosen wir einmal im Semester Fachbücher im Wert von 250,- EUR. Die Gewinner werden auf der Webseite von MEDI-LEARN unter www.medi-learn.de bekannt gegeben.

Schickt eure Rückmeldungen einfach per Post an MEDI-LEARN, Olbrichtweg 11, 24145 Kiel oder tragt sie im Internet in ein spezielles Formular ein, das ihr unter der folgenden Internetadresse findet: www.medi-learn.de/rueckmeldungen

Vielen Dank
Euer MEDI-LEARN Team

Diese und über 600 weitere Cartoons
gibt es in unseren Galerien unter:

www.Rippenspreizer.com

Die Webseite für Medizinstudenten
www.medi-learn.de & junge Ärzte

Die MEDI-LEARN Foren sind der Treffpunkt für Medizinstudenten und junge Ärzte – pro Monat werden über 10.000 Beiträge von den rund 18.000 Nutzern geschrieben.
Mehr unter www.medi-learn.de/foren

Der breitgefächerte redaktionelle Bereich von MEDI-LEARN bietet unter anderem Informationen im Bereich „vor dem Studium", „Vorklinik", „Klinik" und „nach dem Studium". Besonders umfangreich ist der Bereich zum Examen.
Mehr unter www.medi-learn.de/campus

Einmal pro Woche digital und fünfmal im Jahr sogar in Printformat. Die MEDI-LEARN Zeitung ist „das" Informationsmedium für junge Ärzte und Medizinstudenten. Alle Ausgaben sind auch rückblickend online verfügbar.
Mehr unter www.medi-learn.de/mlz

Studienplatztauschbörse, Chat, Gewinnspielkompass, Auktionshaus oder Jobbörse – die interaktiven Dienste von MEDI-LEARN runden das Onlineangebot ab und stehen allesamt kostenlos zur Verfügung.
Mehr unter www.medi-learn.de

Jetzt neu - von Anfang an in guten Händen: Der MEDI-LEARN Club begleitet dich von der Bewerbung über das Studium bis zur Facharztprüfung. Exklusiv für dich bietet der Club zahlreiche Premiumleistungen.
Mehr unter www.medi-learn.de/club

www.medi-learn.de

Biologie Band 1
Zytologie und Genetik

2. aktualisierte Auflage

Für Jennifer

www.medi-learn.de

Autor: Sebastian Huss

Herausgeber:
MEDI-LEARN
Bahnhofstraße 26b, 35037 Marburg/Lahn

Herstellung:
MEDI-LEARN Kiel
Olbrichtweg 11, 24145 Kiel
Tel: 04 31/780 25-0, Fax: 04 31/780 25-27
E-Mail: redaktion@medi-learn.de, www.medi-learn.de

Verlagsredaktion: Dr. Waltraud Haberberger, Jens Plasger, Christian Weier, Tobias Happ
Fachlicher Beirat: Jens-Peter Reese
Lektorat: Thomas Brockfeld, Jan-Peter Wulf, Almut Hahn-Mieth
Grafiker: Irina Kart, Dr. Günter Körtner, Alexander Dospil, Christine Marx
Layout und Satz: Kjell Wierig
Illustration: Daniel Lüdeling, Rippenspreizer.com
Druck: Druckerei Wenzel, Marburg

2. Auflage 2008

Teil 1 des Biologiepaketes, nur im Paket erhältlich
ISBN-13: 978-3-938802-43-4

© 2008 MEDI-LEARN Verlag, Marburg

Das vorliegende Werk ist in all seinen Teilen urheberrechtlich geschützt. Alle Rechte sind vorbehalten, insbesondere das Recht der Übersetzung, des Vortrags, der Reproduktion, der Vervielfältigung auf fotomechanischen oder anderen Wegen und Speicherung in elektronischen Medien.
Ungeachtet der Sorgfalt, die auf die Erstellung von Texten und Abbildungen verwendet wurde, können weder Verlag noch Autor oder Herausgeber für mögliche Fehler und deren Folgen eine juristische Verantwortung oder irgendeine Haftung übernehmen.

Wichtiger Hinweis für alle Leser

Die Medizin ist als Naturwissenschaft ständigen Veränderungen und Neuerungen unterworfen. Sowohl die Forschung als auch klinische Erfahrungen führen dazu, dass der Wissensstand ständig erweitert wird. Dies gilt insbesondere für medikamentöse Therapie und andere Behandlungen. Alle Dosierungen oder Angaben in diesem Buch unterliegen diesen Veränderungen.
Obwohl das MEDI-LEARN-TEAM größte Sorgfalt in Bezug auf die Angabe von Dosierungen oder Applikationen hat walten lassen, kann es hierfür keine Gewähr übernehmen. Jeder Leser ist angehalten, durch genaue Lektüre der Beipackzettel oder Rücksprache mit einem Spezialisten zu überprüfen, ob die Dosierung oder die Applikationsdauer oder -menge zutrifft. **Jede Dosierung oder Applikation erfolgt auf eigene Gefahr des Benutzers**. Sollten Fehler auffallen, bitten wir dringend darum, uns darüber in Kenntnis zu setzen.

Vorwort

Liebe Leserinnen und Leser,

da ihr euch entschlossen habt, den steinigen Weg zum Medicus zu beschreiten, müsst ihr euch früher oder später sowohl gedanklich als auch praktisch mit den wirklich üblen Begleiterscheinungen dieses ansonsten spannenden Studiums auseinander setzen, z.B. dem Physikum.

Mit einer Durchfallquote von ca. 25% ist das Physikum die unangefochtene Nummer eins in der Hitliste der zahlreichen Selektionsmechanismen.

Grund genug für uns, euch durch die vorliegende Skriptenreihe mit insgesamt 30 Bänden fachlich und lernstrategisch unter die Arme zu greifen. Die 29 Fachbände beschäftigen sich mit den Fächern Physik, Physiologie, Chemie, Biochemie, Biologie, Histologie, Anatomie und Psychologie/Soziologie. Ein gesonderter Band der MEDI-LEARN Skriptenreihe widmet sich ausführlich den Themen Lernstrategien, MC-Techniken und Prüfungsrhetorik.

Aus unserer langjährigen Arbeit im Bereich professioneller Prüfungsvorbereitung sind uns die Probleme der Studenten im Vorfeld des Physikums bestens bekannt. Angesichts des enormen Lernstoffs ist klar, dass nicht 100% jedes Prüfungsfachs gelernt werden können. Weit weniger klar ist dagegen, wie eine Minimierung der Faktenflut bei gleichzeitiger Maximierung der Bestehenschancen zu bewerkstelligen ist.

Mit der MEDI-LEARN Skriptenreihe zur Vorbereitung auf das Physikum haben wir dieses Problem für euch gelöst. Unsere Autoren haben durch die Analyse der bisherigen Examina den examensrelevanten Stoff für jedes Prüfungsfach herausgefiltert. Auf diese Weise sind Skripte entstanden, die eine kurze und prägnante Darstellung des Prüfungsstoffs liefern.

Um auch den mündlichen Teil der Physikumsprüfung nicht aus dem Auge zu verlieren, wurden die Bände jeweils um Themen ergänzt, die für die mündliche Prüfung von Bedeutung sind.

Zusammenfassend können wir feststellen, dass die Kenntnis der in den Bänden gesammelten Fachinformationen genügt, um das Examen gut zu bestehen.

Grundsätzlich empfehlen wir, die Examensvorbereitung in drei Phasen zu gliedern. Dies setzt voraus, dass man mit der Vorbereitung schon zu Semesterbeginn (z.B. im April für das August-Examen bzw. im Oktober für das März-Examen) startet. Wenn nur die Semesterferien für die Examensvorbereitung zur Verfügung stehen, sollte direkt wie unten beschrieben mit Phase 2 begonnen werden.

- **Phase 1:** Die erste Phase der Examensvorbereitung ist der **Erarbeitung des Lernstoffs** gewidmet. Wer zu Semesterbeginn anfängt zu lernen, hat bis zur schriftlichen Prüfung je **drei Tage für die Erarbeitung jedes Skriptes** zur Verfügung. Möglicherweise werden einzelne Skripte in weniger Zeit zu bewältigen sein, dafür bleibt dann mehr Zeit für andere Themen oder Fächer. Während der Erarbeitungsphase ist es sinnvoll, einzelne Sachverhalte durch die punktuelle Lektüre eines Lehrbuchs zu ergänzen. Allerdings sollte sich diese punktuelle Lektüre an den in den Skripten dargestellten Themen orientieren!
  Zur **Festigung des Gelernten** empfehlen wir, bereits in dieser ersten Lernphase **themenweise zu kreuzen**. Während der Arbeit mit dem Skript Biologie sollen z. B. beim Thema „Zelltod" auch schon Prüfungsfragen zu diesem Thema bearbeitet werden. Als Fragensammlung empfehlen wir in dieser Phase die „Schwarzen Reihen". Die jüngsten drei Examina sollten dabei jedoch ausgelassen und für den Endspurt (= Phase 3) aufgehoben werden.

- **Phase 2:** Die zweite Phase setzt mit Beginn der Semesterferien ein. Zur **Festigung und Vertiefung des Gelernten** empfehlen wir, **täglich ein Skript zu wiederholen und parallel examensweise das betreffende Fach zu kreuzen**. Während der Bearbeitung der Biologie (hierfür sind zwei bis drei Tage vorgesehen) empfehlen wir, alle Biologiefragen aus drei bis sechs Altexamina zu kreuzen. Bitte hebt euch auch hier die drei aktuellsten Examina für Phase 3 auf.

- **Phase 3:** In der dritten und letzten Lernphase sollten **die aktuellsten drei Examina tageweise gekreuzt** werden. Praktisch bedeutet dies, dass im tageweisen Wechsel Tag 1 und Tag 2 der aktuellsten Examina bearbeitet werden sollen.

www.medi-learn.de

Im Bedarfsfall können einzelne Prüfungsinhalte in den Skripten nachgeschlagen werden.

- Als **Vorbereitung auf die mündliche Prüfung** können die in den Skripten enthaltenen „Basics fürs Mündliche" wiederholt werden. Wir haben in den kleinen Fächern die Themen als Basics fürs Mündliche aufgeführt, die erfahrungsgemäß auch in den großen Fächern mündlich gefragt werden.

Wir wünschen allen Leserinnen und Lesern eine erfolgreiche Prüfungsvorbereitung und viel Glück für das bevorstehende Examen!

Euer MEDI-LEARN-Team

Online-Service zur Skriptenreihe

Die mehrbändige MEDI-LEARN Skriptenreihe zum Physikum ist eine wertvolle fachliche und lernstrategische Hilfestellung, um die berüchtigte erste Prüfungshürde im Medizinstudium sicher zu nehmen.
Um die Arbeit mit den Skripten noch angenehmer zu gestalten, bietet ein spezieller Online-Bereich auf den MEDI-LEARN Webseiten ab sofort einen erweiterten Service. Welche erweiterten Funktionen ihr dort findet und wie ihr damit zusätzlichen Nutzen aus den Skripten ziehen könnt, möchten wir euch im Folgenden kurz erläutern.

Volltext-Suche über alle Skripte
Sämtliche Bände der Skriptenreihe sind in eine Volltext-Suche integriert und bequem online recherchierbar: Ganz gleich, ob ihr fächerübergreifende Themen noch einmal Revue passieren lassen oder einzelne Themen punktgenau nachschlagen möchtet: Mit der Volltext-Suche bieten wir euch ein Tool mit hohem Funktionsumfang, das Recherche und Rekapitulation wesentlich erleichtert.

Digitales Bildarchiv
Sämtliche Abbildungen der Skriptenreihe stehen euch auch als hochauflösende Grafiken zum kostenlosen Download zur Verfügung. Das Bildmaterial liegt in höchster Qualität zum großformatigen Ausdruck bereit. So könnt ihr die Abbildungen zusätzlich beschriften, farblich markieren oder mit Anmerkungen versehen. Ebenso wie der Volltext sind auch die Abbildungen über die Suchfunktion recherchierbar.

Errata-Liste
Sollte uns trotz eines mehrstufigen Systems zur Sicherung der inhaltlichen Qualität unserer Skripte ein Fehler unterlaufen sein, wird dieser unmittelbar nach seinem Bekanntwerden im Internet veröffentlicht. Auf diese Weise ist sicher gestellt, dass unsere Skripte nur fachlich korrekte Aussagen enthalten, auf die ihr in der Prüfung verlässlich Bezug nehmen könnt.

Den Onlinebereich zur Skriptenreihe findet ihr unter www.medi-learn.de/skripte

Inhaltsverzeichnis

1 Allgemeine Zytologie, Zellteilung und Zelltod — 1

1.1 Aufbau einer menschlichen Zelle – Überblick — 1

1.2 Membranen der Zellen — 1
- 1.2.1 Aufgaben der Zellmembran — 1
- 1.2.2 Aufbau der Membranen — 2
- 1.2.3 Zell-Zell-Kontakte — 4
- 1.2.4 Zell-Matrix-Kontakte — 8

1.3 Zytoskelett — 9
- 1.3.1 Komponenten des Zytoskeletts — 9
- 1.3.2 Amöboide Zellbewegung — 11
- 1.3.3 Zytoskelett der Erythrozyten — 12

1.4 Zellkern — 13
- 1.4.1 Nucleolus — 13

1.5 Zytoplasma — 13
- 1.5.1 Caspasen — 14
- 1.5.2 Proteasom — 14

1.6 Zellorganellen — 14
- 1.6.1 Mitochondrien — 14
- 1.6.2 Ribosomen — 16
- 1.6.3 Endoplasmatisches Retikulum (= ER) — 17
- 1.6.4 Golgikomplex (= Golgi-Apparat) — 19
- 1.6.5 Exkurs: Rezeptorvermittelte Endozytose — 20
- 1.6.6 Lysosomen — 20
- 1.6.7 Peroxisomen — 21

1.7 Zellvermehrung und Keimzellbildung — 25
- 1.7.1 Zellzyklus — 25
- 1.7.2 Mitose — 26
- 1.7.3 Meiose — 28
- 1.7.4 Stammzellen — 31

1.8 Adaptation von Zellen an Umwelteinflüsse — 31

1.9 Zelltod — 32
- 1.9.1 Apoptose — 32
- 1.9.2 Nekrose — 32

2 Genetik — 34

2.1 Organisation eukaryontischer Gene — 34
- 2.1.1 Übersicht — 34
- 2.1.2 Struktur der DNA — 34
- 2.1.3 Genetischer Code — 35
- 2.1.4 Struktur der RNA — 36
- 2.1.5 Replikation — 37
- 2.1.6 Transkription — 38
- 2.1.7 Translation — 39
- 2.1.8 Posttranslationale Modifikation — 39

2.2 Chromosomen — 42
- 2.2.1 Karyogrammanalyse — 44
- 2.2.2 Chromosomenaberrationen — 44

Index — 47

Aufbau einer menschlichen Zelle

1 Allgemeine Zytologie, Zellteilung und Zelltod

Dieses umfangreiche Kapitel beinhaltet eine ganze Reihe relevanter Punkte für das Physikum. Zunächst wird hier der allgemeine Aufbau der Zelle vorgestellt, anschließend geht es um die Prinzipien der Zellvermehrung und ganz am Ende steht der Zelltod. Also ein Kapitel beinahe wie das richtige Leben...

1.1 Aufbau einer menschlichen Zelle – Überblick

Abbildung 1 zeigt stark vereinfacht die Bestandteile einer menschlichen Körperzelle. Die einzelnen Strukturen werden in den kommenden Kapiteln näher besprochen.

1.2 Membranen der Zellen

Zellen sind nach außen hin durch eine Zellmembran abgegrenzt. Weitere Membransysteme unterteilen eine Zelle in bestimmte **Kompartimente.** Da alle biologischen Membranen im Prinzip denselben Aufbau haben, nennt man sie auch **Einheitsmembranen.** Bestandteile solcher Einheitsmembranen sind verschiedene Lipide wie Phospholipide, Cholesterin usw., Proteine und Zucker.

1.2.1 Aufgaben der Zellmembran

Die Zellmembran stellt einen **mechanischen Schutz** gegen Umwelteinflüsse dar. Diese Abgrenzung des Zellinhalts gegen die Umwelt ist auch die Voraussetzung dafür, dass innerhalb der Zelle ein **spezifisches Milieu** aufrechterhalten werden kann. Die Kommunikation mit anderen Zellen und Botenstoffen wird über **Rezeptoren** auf der Zellmembran ermöglicht.

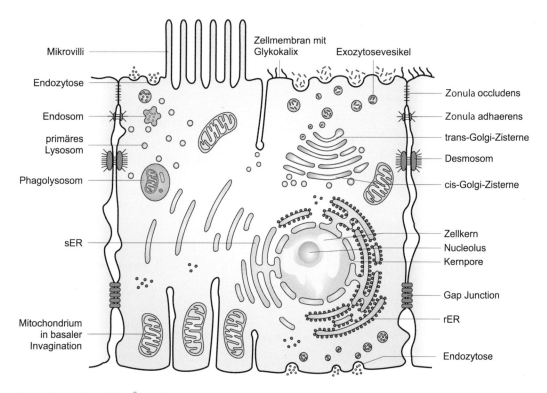

Abb. 1: Menschliche Zelle, Überblick

1.2.2 Aufbau der Membranen

Die wichtigsten Grundbausteine der Einheitsmembranen sind die Phospholipide. Das häufigste Phospholipid in Membranen ist das **Lecithin**.

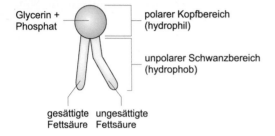

Abb. 2: Phospholipide

Phospholipide zeichnen sich durch einen hydrophilen Kopf und einen lipophilen Schwanz aus. Ein Stoff ist hydrophil (= wasserliebend) oder lipophob (= Fett feindlich), wenn er polar ist. Ist ein Stoff lipophil (= fettliebend) oder hydrophob (= Wasser feindlich), dann ist er unpolar und löst sich nur schlecht in Wasser. Eine Substanz, die sowohl polar als auch unpolar ist, bezeichnet man als **amphipathisch** (oder amphiphil).

MERKE:
- hydrophil = lipophob
- hydrophob = lipophil
- Phospholipide sind amphipathisch

Der polare Kopf hat die Möglichkeit, Wasserstoffbrückenbindungen mit ihn umgebenden wässrigen Medien zu bilden, der hydrophobe Schwanzteil wird die Berührung mit Wasser meiden. Somit haben die Phospholipide verschiedene Möglichkeiten, sich im Wasser anzuordnen (s. Abb. 3a+b).

Der gezeigte **Monolayer** an der Grenzfläche Wasser/Luft zeichnet sich dadurch aus, dass die hydrophilen Bereiche der Phospholipide in Richtung Wasser zeigen. Der gezeigte Monolayer an der Grenzfläche Öl/Luft orientiert sich genau andersherum: die hydrophoben = lipophilen Bereiche zeigen in Richtung Öl.

Mizellen hingegen sind kugelförmige Gebilde. Ihre hydrophilen Domänen sind in Richtung Wasser ausgerichtet; die hydrophoben Bereiche nach innen.

Bei der **Doppelmembran** sind die hydrophilen Köpfe nach außen gerichtet und können Wasserstoffbrückenbindungen mit der wässrigen Umgebung eingehen. Die hydrophoben Schwänze sind zueinander gerichtet und durch Van–der–Waals–Kräfte verbunden. Kugelig zusammengeschlossene Doppelmembranen bezeichnet man als **Vesikel** (oder Liposomen).

MERKE:
Der Bilayer ist der Grundbauplan aller biologischen Einheitsmembranen.

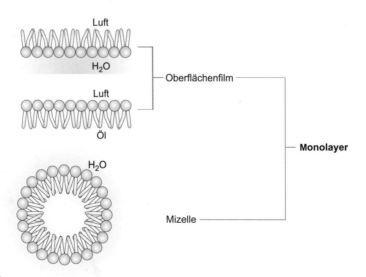

Abb. 3a: Monolayer

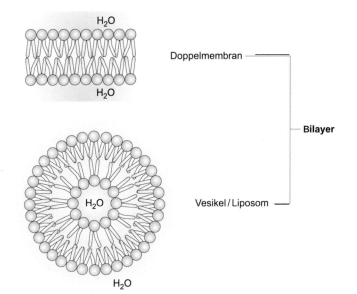

Abb. 3b: Bilayer

> **Übrigens...**
> Wichtig ist, dass KEINE kovalenten Atombindungen zwischen den Phospholipiden bestehen, sondern nur schwächere Anziehungskräfte (= Van-der-Waals-Kräfte). Dadurch wird verständlich, dass es in der Einheitsmembran eine **laterale Diffusion** gibt (= eine seitliche Bewegung der einzelnen Moleküle).

Die laterale Diffusion verleiht der Membran einen quasi flüssigen Charakter. Diese **Fluidität** wird durch mehrere Faktoren beeinflusst:
1. Je höher die Umgebungstemperatur ist, um so höher ist auch der Grad der Fluidität. (Unterhalb einer bestimmten Übergangstemperatur liegt die Membran in einer viskoskristallinen Form vor.)
2. Fettsäuren beeinflussen durch ihren **Sättigungsgrad** und durch ihre **Kettenlänge** den Grad der lateralen Diffusion. Lange Ketten bilden mehr Van-der-Waals-Kräfte aus, der Zusammenhalt wird stabiler und die Fluidität sinkt. Ungesättigte Fettsäuren bilden aufgrund der cis-Doppelbindungen „Knicke". Diese „Knicke" bewirken, dass die Ketten nicht mehr eng zusammenliegen. Daher können weniger Van-der-Waals-Kräfte ausgebildet werden und die Fluidität steigt.
3. Cholesterin wirkt bei hohen und niedrigen Temperaturen als **Fluiditätspuffer** und verhindert bei thermischen Belastungen den Zusammenbruch der Membran.

MERKE:
Je kürzer und ungesättigter die Fettsäuren sind, desto höher ist die Fluidität einer Membran.

> **Übrigens...**
> Ein **Flip-Flop** - also ein Wechsel der Membranseite eines Phospholipids (s. Abb. 4, S. 4) - findet nur sehr selten statt, es sei denn, er wird durch geeignete Enzyme (= Flipasen) katalysiert.

4 | Allgemeine Zytologie, Zellteilung und Zelltod

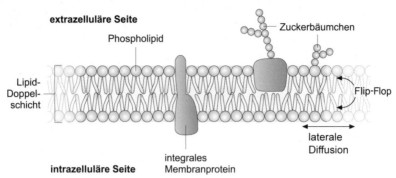

Abb. 4: Plasmamembran

Hinsichtlich der Verteilung von Proteinen und Zuckern lassen sich wichtige Aussagen machen:
- Zucker befinden sich NIE auf der zytoplasmatischen Seite der Membran, sie ragen immer nach extrazellulär. Dadurch entsteht ein Zuckermantel, den man **Glycokalix** nennt.
- Proteine können auf der Außen- und Innenseite lokalisiert sein oder auch ein- oder mehrmals durch die Membran reichen. Transportproteine bilden z.B. einen Tunnel, der die Durchschleusung von verschiedenen Stoffen (= Aminosäuren, Zuckern...) durch die ansonsten fast unpermeable Membran ermöglicht.

Übrigens...
In diesem Zusammenhang taucht auch gerne der Begriff **Fluid-Mosaik-Modell** auf: er beschreibt die Membran als eine Art flüssiges Mosaik. Der Begriff Mosaik bezieht sich darauf, dass einige Proteine durchaus ortsgebunden sind (= an bestimmten Membranregionen verbleiben) und damit keiner lateralen Diffusion über die gesamte Membran unterworfen sind. Ergebnis ist eine Art Flickenteppich. (einer der Gründe dafür = Zonula occludens, s. S. 5)

1.2.3 Zell-Zell-Kontakte

Und weiter geht`s mit den verschiedenen **Zell-Zell-Kontakten** am Beispiel einer Epithelzelle. Dieses Thema ist zwar umfangreich und auch etwas dröge. Mit den entsprechenden Kenntnissen lassen sich aber viele Punkte erzielen, denn die vermittelten Inhalte werden teilweise auch in der Anatomie geprüft. Die hier investierte Zeit lohnt sich also doppelt!

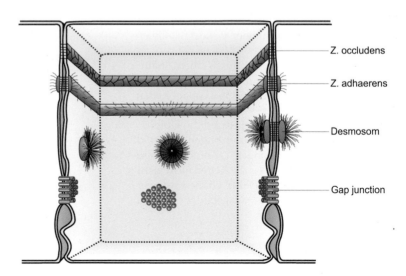

Abb. 5: Zell-Zell-Kontakte

Zonula occludens (= Tight Junction)

Die Zonulae occludentes (= verschließende Gürtel oder englisch Tight Junctions) bilden ein komplexes System aus anastomosierenden (= sich verbindenden) Proteinleisten, die am oberen Zellpol lokalisiert sind. Die beteiligten integralen Membranproteine nennt man **Occludine** und **Claudine**.

Es entsteht eine Naht aus Proteinverschlusskontakten, wodurch der Interzellularraum quasi verschwindet. Die Anlagerung der Epithelzellen aneinander ist also sehr dicht.

Die Tight Junctions bilden eine **Permeabilitätsbarriere** aus und behindern den parazellulären Transport. Je nach Gewebetyp ist diese Fähigkeit unterschiedlich ausgeprägt. Im Harnblasenepithel gibt es z.B. sehr viele anastomosierende Leisten, sodass das Epithel hier hochgradig dicht ist. Dies ist auch funktionell erwünscht, da der Harn ja nicht ins interstitielle Gewebe ablaufen soll. Beim Dünndarmepithel findet man dagegen wesentlich weniger Leisten. Das wird auch verständlich, wenn man sich die Hauptaufgabe dieses Organs vor Augen hält, nämlich die Resorption (= Ionen und Wasser sollen und können hier parazellulär aufgenommen werden).

Zusätzlich zu ihren verschließenden Aufgaben stellt die Zonula occludens eine **Zellpolarität** her. Der Interzellularraum verschwindet und die Zellmembranen zweier Zellen sind quasi verschmolzen. Dies verhindert die laterale Diffusion von Membranproteinen über diese Grenze hinweg. So unterteilen die Tight Junctions die Zelle (im Sinne des Fluid-Mosaik-Modells s. S. 4) in einen apikalen (= oberen) und einen basolateralen (= unteren) Zellpol.

Zonula adhaerens

Die Zonulae adhaerentes (= Gürteldesmosomen) verlaufen bandförmig und meistens in geringem Abstand unterhalb der Zonulae occludentes im apikalen Bereich der Zelle. Ihre Hauptaufgabe ist die mechanische Befestigung der Zellen.

> **Übrigens...**
> Der Interzellularspalt wird durch die Zonulae adhaerentes NICHT verschmälert.

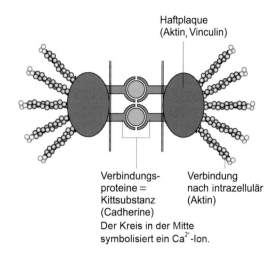

Abb. 6: Zonula adhaerens

Zu einer Zonula adhaerens gehören integrale Proteine, die die Verbindung der beiden Epithelzellen herstellen. Diese Proteine heißen Cadherine. Je nach Gewebe gibt es unterschiedliche Isotypen: Bei unserer Epithelzelle kommen z.B. die E-Cadherine zum Einsatz.

MERKE:
E-Cadherine → epitheliale Zellen
N-Cadherine → Nervenzellen
P-Cadherine → Plazentazellen

Des Weiteren sind Haftplatten am Aufbau beteiligt. Sie verstärken die Zellmembran und bestehen hauptsächlich aus den zwei Proteinen Aktin und Vinculin. An diesen Haftplatten sind zum einen die Cadherine befestigt, zum anderen Aktinfilamente verankert, die eine Verbindung ins Innere der Zelle herstellen. Dies garantiert besondere Strapazierfähigkeit.

Desmosomen

Desmosomen (= Maculae adhaerentes) sind runde Zellhaftkomplexe, die den Interzellularspalt nicht verschließen. Sie sind vergleichbar mit besonders starken Druckknöpfen, die die Zellen zusammenhalten.

Der Aufbau ähnelt den Zonulae adhaerentes, jedoch werden andere Proteine verwendet:
- Desmogleine stellen die Verbindung der beiden Zellen her.

Allgemeine Zytologie, Zellteilung und Zelltod

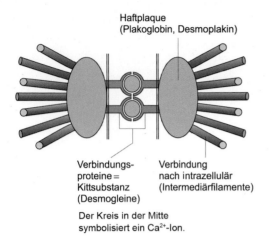

Abb. 7: Desmosomen

- Die Haftplaques bestehen aus Plakoglobin und Desmoplakin.
- Die Verbindung ins Innere der Zelle wird durch Intermediärfilamente gewährleistet.

Desmosomen kommen in Epithelien und im Herzen an den **Glanzstreifen** vor.

Hemidesmosomen werden im Abschnitt 1.2.4 auf Seite 8 besprochen.

Übrigens...

Der **Pemphigus vulgaris** ist eine Erkrankung, bei der Auto-Antikörper gegen Desmogleine gebildet werden. Dadurch werden die Desmosomen zerstört, die Zellen weichen auseinander und intradermal bilden sich Bläschen. Aufgrund dieser Bläschen wird der Pemphigus vulgaris auch Blasensucht genannt.

Nexus (= Gap Junctions)

Nexus (= Gap Junctions) sind Verbindungen zwischen Zellen. Sie sind – mit Ausnahme von freien Zellen (z.B. Makrophagen) und Skelettmuskelzellen – ubiquitär verbreitet. Oft liegen sie zu Tausenden zusammen in bestimmten Arealen, wodurch der Interzellularspalt stark verkleinert wird, ohne dass er jedoch ganz verschwindet. (s. Abb. 8).

Der Grundbaustein der Gap Junctions ist ein Connexin. Sechs solcher Connexine lagern sich zu einem Connex**o**n (Merkhilfe: **P**ore) zusammen. Zwei solcher Connexone verschiedener Zellen bilden dann einen Proteintunnel. Damit sind die Intrazellularräume der beiden Zellen miteinander verbunden, und Ionen sowie Moleküle bis zu einer Größe von 1,5 kDa können frei von einer zur anderen Zelle diffundieren.

Gap Junctions erfüllen verschiedene Aufgaben:
- **elektrische Kopplung:**
- Herz → Reizweiterleitung

- **metabolische Kopplung:**
- Nährstoffaustausch

- **Informationskopplung:**
- Embryonalentwicklung → Wachstumsfaktoren

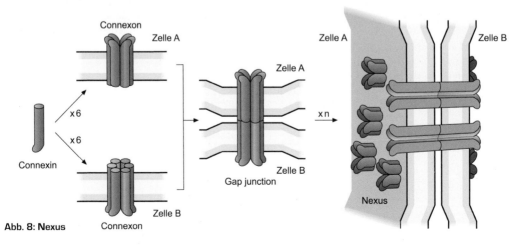

Abb. 8: Nexus

Tabellarische Zusammenfassung

Hier sind die wichtigen Fakten noch einmal in einer Lerntabelle zusammengefasst:

Zell-Zell-Kontakt	interzelluläre Verbindungsproteine	Haftplaques	Verankerung von Cytoplasmafilamenten	Funktion
Zonula occludens	Occludine, Claudine	keine	keine	• Zellpolarität • Verhinderung von parazellulärem Transport
Zonula adhaerens	Cadherine	Aktin, Vinculin	Aktinfilamente	• mechanisch
Desmosom	Desmogleine	Plakoglobin Desmoplakin	Intermediärfilamente	• mechanisch
Gap Junction	Connexine	keine	keine	• funktionelle Kopplung von Zellen

Tabelle 1: Zell-Zell-Kontakte

Zur Veranschaulichung der Zell-Zell-Kontakte folgt ein kleiner Ausflug in die Histologie:

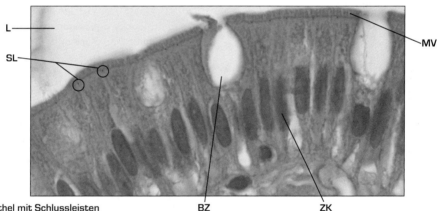

Abb. 9: Darmepithel mit Schlussleisten

Zur histologischen Orientierung: Zunächst sieht man hier ein hochprismatisches (Zylinder-)Epithel. Eine einzelne Zelle hiervon nennt man Darmzelle oder **Enterozyt**. Man erkennt ihre dunklen ovalen Zellkerne (= ZK) und das etwas heller gefärbte Zytoplasma.

Das Epithel grenzt mit einer etwas dunkler angefärbten Schicht (= MV) an ein Lumen (=L). Bei der dunklen Schicht handelt es sich um einen Mikrovillibesatz, den man auch Bürstensaum nennt (s. 1.3.1, S. 9). Ferner gibt es im Epithel zwei „helle Stellen"(= BZ). Hier handelt es sich um schleimproduzierende Becherzellen, die im Damepithel eingestreut vorkommen. Deren Schleim ist allerdings durch die Präparation des Schnittes herausgelöst, wodurch sie hell erscheinen.

Sieht man nun ganz genau hin, so erkennt man am apikalen Zellpol der Enterozyten kleine dunkle Verdickungen an der Grenze zwischen zwei Zellen (= SL). Hier imponieren **Zonula occludens, Zonula adhaerens** und Desmosomen gemeinsam als „schwarze Punkte" und werden somit als **Schlussleistenkomplex** (= junktionaler Komplex) bezeichnet.

> **Übrigens...**
> Die einzelnen Proteinbestandteile des Schlussleistenkomplexes kann man nicht differenzieren. Dafür bräuchte man ein Elektronenmikroskop.

1.2.4 Zell-Matrix-Kontakte

Neben Zell-Zell-Kontakten gibt es auch noch Zell-Matrix-Kontakte, die die Zelle mit der Umgebung verbinden. Die folgenden zwei Kontakte sind physikumsrelevant.

Hemidesmosomen

Hemidesmosomen sehen aus wie halbe (griech. hemi = halb) Desmosomen. Sie sind als punktförmige Kontakte an der basalen Seite von Epithel- und Endothelzellen zu finden und befestigen diese an der Basalmembran. Somit wird verhindert, dass die Zellen herumrutschen können oder sich ablösen. Abbildung 10 zeigt den strukturellen Aufbau eines Hemidesmosoms.

Kollagen binden. Da Kollagen ein Bestandteil der extrazellulären Matrix ist, ist damit der Zell-Matrix-Kontakt hergestellt.

Eine Zelle kann sich also nicht „einfach so" an Kollagen verankern, sondern benötigt dazu eine ganze Reihe spezialisierter Proteine.

> **Übrigens...**
> - Die Intermediärfilamente einer Epithelzelle heißen auch **Zytokeratine** oder **Tonofilamente** (s.a. Intermediärfilamente, S. 11).
> - Integrine sind Heterodimere und setzen sich aus einer α- und einer ß-Untereinheit zusammen. Diese Untereinheiten existieren in verschiedenen Isoformen. Für Hemidesmosomen ist beispielsweise das $α_5 β_4$-**Integrin** charakteristisch.
> - Auch Fibronektin ist ein Dimer.

Fokale Kontakte

Fokale Kontakte sind den Hemidesmosomen sehr ähnlich. Wie Abbildung 11 zeigt, sind beide Zell-Matrix-Kontakte aus den gleichen Proteinen aufgebaut. Der einzige Unterschied ist, dass die Haftplaques der fokalen Kontakte auf der zytoplasmatischen Seite mit Aktinfilamenten assoziiert sind.

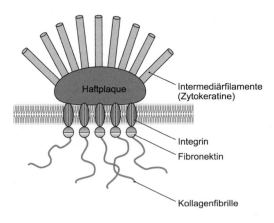

Sowohl Fibronektin als auch Integrin sind als dimere Proteine dargestellt.

Abb. 10: Hemidesmosom

Die Verstärkung im Zellinneren erfolgt auch hier durch Haftplaques. Genau wie bei den Desmosomen sind daran auf der zytoplasmatischen Seite **Intermediärfilamente** befestigt. Die Verbindung nach extrazellulär wird durch **Integrine** gewährleistet, die wiederum an Fibronektin binden. Fibronektin seinerseits kann an

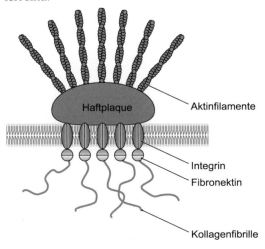

Sowohl Fibronektin als auch Integrin sind als dimere Proteine dargestellt.

Abb. 11: fokaler Kontakt

Funktionell unterscheiden sich fokale Kontakte jedoch schon von Hemidesmosomen: Während Hemidesmosomen besonders stabile Kontakte sind, können sich die fokalen Kontakte lösen und neu formieren. Daher findet man diese Form der Zell-Matrix-Kontakte auch weniger bei Epithelzellen sondern u.a. bei bewegungsfähigen Zellen z.B. Makrophagen.

1.3 Zytoskelett

Ebenso wie das vorherige Thema Zell-Zellkontakte ist das Thema Zytoskelett ziemlich trocken. Aber auch hier gilt: ein passables Wissen über diesen Teilbereich sichert wertvolle Punkte im schriftlichen Examen.

1.3.1 Komponenten des Zytoskeletts

Das Zytoskelett ist ein kompliziertes intrazelluläres Netzwerk aus verschiedenen Proteinen, das der Strukturaufrechterhaltung, intrazellulären Transportvorgängen und der Zellteilung dient. Außerdem ist es noch an der amöboiden Fortbewegung bestimmter Zellen (s. 1.3.2, S. 11) beteiligt.

MERKE:
Durchmesser der Protein-Filamente = Mikrotubuli > Intermediärfilamente > Mikrofilamente.

Mikrofilamente

Die kleinsten der Filamente sind die Mikrofilamente. Sie bestehen aus polymerisiertem **Aktin** und weiteren assoziierten Proteinen wie z.B. Fimbrin und Villin. Aktinfilamente sind **polar** = sie haben ein Minusende und ein Plusende. Die wichtigste Aufgabe der Mikrofilamente ist die Aufrechterhaltung der Strukturintegrität einer Zelle. Man findet sie z.B. in Mikrovilli, den fingerförmigen Ausstülpungen der Zytoplasmamembran am apikalen Zellpol.

Daneben gibt es Mikrofilamente in **Stereozilien**. Stereozilien sind extrem lange Mikrovilli, die man im Ductus epididymidis (Anteil an der Spermienreifung) und im Innenohr (Signaltransduktion) findet.

Übrigens...
Mikrovilli dienen der Oberflächenvergrößerung. Daher findet man sie vor allem dort, wo viele Resorptionsprozesse stattfinden, z.B. im Dünndarm.

Mikrotubuli

Bevor es darum geht, wie die Mikrotubuli ihren „Dienst an der Zelle verrichten", hier zunächst ihr ultrastruktureller Aufbau:
Die Mikrotubuli bestehen aus Proteinen, die wie Bauklötze zu immer höheren Funktionseinheiten zusammengesetzt sind. Die Grundeinheiten (= Bauklötze) sind die **Tubuline**. Davon gibt es Alpha- und Betatubuline, die sich zu einem Heterodimer zusammenlagern. Aus den Heterodimeren bilden sich Protofilamente, die wiederum durch „Seit-zu-Seit"-Anlagerung weiter zu den eigentlichen Mikrotubuli aggregieren. Ein (dann endlich fertiger) Mikrotubulus (= Singulette) besteht aus 13 solcher Protofilamente.

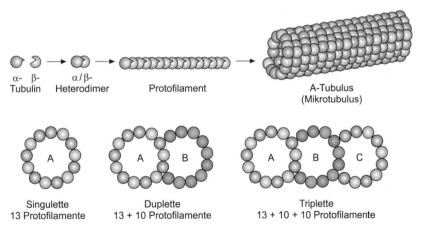

Abb. 12: Mikrotubuli

Es gibt aber auch zelluläre Strukturen, bei denen sich zwei Mikrotubuli zusammenlagern. Der erste = **A-Tubulus** besteht dann aus 13 Protofilamenten, der angelagerte B–Tubulus nur aus 10 Protofilamenten. A- und B-Tubulus zusammen nennt man Duplette. Analog dazu kann sich auch eine Triplette bilden, bei der der dritte = C Tubulus ebenfalls nur 10 Protofilamente enthält. Solche „kombinierten" Mikrotubuli findet man z.B. in Kinozilien (s. u).

Welche Eigenschaften und Aufgaben haben nun die Mikrotubuli?

Mikrotubuli sind **reversible** und **polare** Strukturen. Das bedeutet
- sie können schnell auf- und abgebaut werden,
- sie haben ein Plus- und ein Minusende.

Mikrotubuli dienen als Gleitschienen innerhalb der Zelle. Bildlich kann man sie sich auch als Autobahnen der Zelle vorstellen. Mit den Motorproteinen **Dynein** und **Kinesin** können auf diesen Mikrotubuli-Autobahnen z.B. Zellorganellen transportiert werden. Anhand der Neurotubuli – den Mikrotubuli der Nervenzellen – stellen wir nun diese beiden Motorproteine etwas genauer vor:

Übrigens...

In Gegenwart der Pflanzengifte **Colchizin**, **Vincristin** oder **Vinblastin** können keine Mikrotubulusfilamente aufgebaut werden. Diese „Mitosespindelgifte" binden an freie Tubuline und hemmen so den Zusammenbau des Spindelapparats. Dies macht man sich bei der Chromosomenanalyse zu Nutze (s. Karyogrammanalyse, S. 44).

Rolle der Mikrotubuli bei Zilien und der Mitosespindel

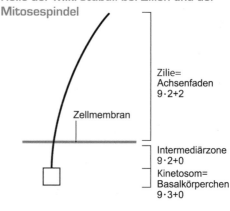

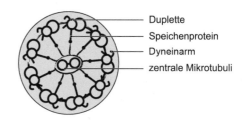

Abb. 14: Zilien

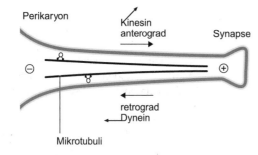

Abb. 13: Neurotubuli

Kinesin sorgt für den anterograden mikrotubulusassoziierten Transport, Dynein für den retrograden. Ein anterograder Transport vollzieht sich vom Perikaryon zur Synapse, der retrograde Transport von der Synapse zurück zum Perikaryon.

MERKE:

- Kinesin → anterograder Transport
- Dynein → retrograder Transport

Kinozilien enthalten Mikrotubuli und das Motorprotein Dynein, das für den Zilienschlag benötigt wird. Kinozilien kommen z.B. im Respirationstrakt vor, wo sie Staub über einen oralwärts gerichteten Schlag nach draußen befördern.

An einer Kinozilie lassen sich – anhand der elektronenmikroskopisch sichtbaren Organisationsmuster der Mikrotubuli - drei Zonen unterscheiden.
- Eine 9 · 2 + 2-Struktur bedeutet, dass sich neun Dupletten (= 9 · 2) um zwei zentrale Mikrotubuli (= + 2) anordnen. Diese Anordnung findet man im oberen Bereich der Kinozilie – dem Achsenfaden.
- Eine 9 · 2 + 0-Struktur heißt, dass sich wiederum neun **Dupletten** ringförmig anordnen, die zwei zentralen Mikrotubuli (= + 0) jedoch fehlen. Dies ist in der Intermediärzone der Fall.

- Im Basalkörperchen (= Kinetosom) findet man eine 9 · 3 + 0-Struktur. Hier ordnen sich neun Tripletten (= 9 · 3) kreisförmig an.

Neben dem Zilienschlag sind die Mikrotubuli auch an der Ausbildung der Mitosespindel beteiligt. Diese Mikrotubuli werden an den **Zentriolen** gebildet, weisen eine 9 · 3-Struktur auf und wandern während der Mitose zu den Zellpolen (s. Mitose, S. 26).

Übrigens...
Mit **MTOC** (= **m**icro**t**ubule **o**rganizing **c**enter) bezeichnet man einen Ort, an dem das Wachstum von Mikrotubuli beginnt. Charakteristisch ist eine 9 · 3+0-Struktur. Die wichtigsten beiden MTOCs sind die Basalkörperchen und die Zentriolen.

Intermediärfilamente
Intermediärfilamente entstehen durch Polymerisation von einzelnen fibrillären Untereinheiten. Die dabei gebildeten Polymere sind stabil und weisen im Gegensatz zu Mikrofilamenten und Mikrotubuli **KEINE Polarität** auf. Ihre Aufgabe besteht in der Aufrechterhaltung der strukturellen Integrität der Zelle. Da Intermediärfilamente **gewebespezifische** Strukturproteine sind, kann man verschiedene Klassen unterscheiden. Die folgende Tabelle ist absolut prüfungsrelevant und sollte am besten auswendig gelernt werden:

Gewebe	Intermediärfilament
Epithelien	Zytokeratine (= Tonofilamente)
Mesenchym	Vimentin
Muskelzellen	Desmin
Nervenzellen	Neurofilamente
Astrozyten	Glial Fibrillary Acidic Proteine (= GFAP)
Kernlamina (keine Gewebespezifität, sondern alle Zellen, s. a. Zellkern, S. 13)	Lamine

Tabelle 2: Gewebespezifität der Intermediärfilamente

Übrigens...
Eine Analyse der Intermediärfilamente kann bei einer histologischen Tumordiagnose hilfreich sein:
- Beispielsweise würde ein GFAP-anfärbbarer Tumor im ZNS auf ein Astrozytom hinweisen.
- Viele Tumoren gehen auch aus Epithelgewebe hervor. Diese exprimieren folglich Zytokeratine. Da es unterschiedliche Unterfamilien von Zytokeratinen gibt, kann auch ein spezifisches **Zytokeratinmuster** auf einen bestimmten Tumor hinweisen und einen anderen eher ausschließen. Das ist besonders bei der Untersuchung von Metastasen hilfreich, denn man möchte ja wissen, woher der Primärtumor kommt.

1.3.2 Amöboide Zellbewegung
Amöboide Bewegung findet nicht durch Zilienschlag, sondern durch Zytoplasmafluss statt. Doch wie funktioniert das?

Bei Amöben können zwei Zonen in ihrem Zytoplasma unterschieden werden:
- das randständige Ektoplasma und
- das zentral gelegene Entoplasma.

Das Ektoplasma hat eine gelartige festere Konsistenz und ist zur Ausbildung von **Pseudopodien** (= Scheinfüßchen) befähigt. Das Entoplasma hat eine flüssigere Konsistenz und fließt daher der veränderten Form nach. Folge: die Amöbe bewegt sich.

Der zugrunde liegende molekulare Mechanismus beruht auf der Tätigkeit ATP-verbrauchender kontraktiler Filamente (= Aktin und Myosin).

Doch nicht nur Amöben haben diese Art der Fortbewegung, auch menschliche Zellen können auf diese Weise wandern. Zu diesen nichtsesshaften Zellen gehören z.B. embryonale Zellen, Makrophagen, Granulozyten und Lymphozyten.

Übrigens...
Unter **Chemotaxis** versteht man die Fähigkeit von Zellen, eine gerichtete amöboide Bewegung – ausgelöst von chemischen Reizen – auszuführen. Zum Beispiel können Leukozyten auf diese Weise in eine bestimmte Richtung gelockt werden, in der gerade eine Immunabwehrreaktion stattfindet.

1.3.3 Zytoskelett der Erythrozyten

Das Zytoskelett der roten Blutkörperchen hat einige Besonderheiten zu bieten, schließlich muss sich ein Erythrozyt durch Milzsinus und enge Kapillaren „quetschen". Für diese enorme Verformbarkeit sorgen spezielle Proteine, die in Abbildung 15 dargestellt sind.

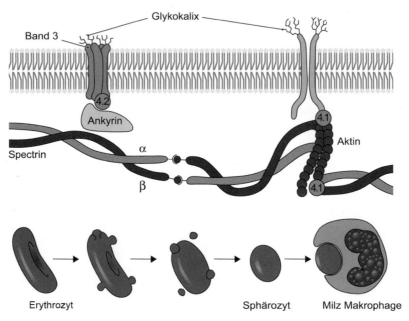

Abb. 15: Zytoskelett der Erythrozyten

Das hiervon wichtigste Protein ist das **Spectrin**. Es besteht aus **α- und ß-Untereinheiten** und wird mittels **Ankyrin** und dem **Protein 4.2** an der Zellmembran (genauer einem integralen Membranprotein nahmens „**Band 3**") befestigt. Spectrin kann sich aber auch an **Aktin** anlagern, Aktin befestigt sich dann an **Protein 4.1** und **Protein 4.1** wieder an der Zellmembran.

Dieses recht spezifische Wissen ist nicht unwichtig, denn an jedem dieser Zytoskelettbestandteile kann durch Mutation eine **Sphärozytose (Kugelzellanämie)** verursacht werden. Dabei verlieren die Erythrozyten ihre spezifischen Verformungseigenschaften und ihre charakteristische bikonkave Form. Folge: Die roten Blutkörperchen runden sich ab und werden vermehrt in der Milz abgebaut, was zur Anämie führt.

Übrigens...

Über unspezifische Alterungsprozesse genau dieser Zytoskelettanteile erklärt man sich auch die **120-tägige Lebensdauer** der Erythrozyten. Da Erythrozyten keinen Zellkern besitzen, fehlt ihnen die Grundvoraussetzung dafür, fehlerhafte Proteine nachzubauen.
Folge: Fehlerhafte Proteine häufen sich an, die Erythrozyten sind nicht mehr optimal verformbar, bleiben in den Milzsinus stecken und finden ihr Ende in Makrophagen.

1.4 Zellkern

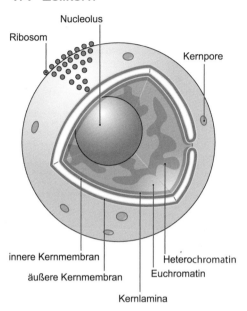

Abb. 16: Zellkern

Der Zellkern ist das übergeordnete Steuerungszentrum der Zelle. Hier wird die genetische Information in Form von Chromosomen gespeichert sowie das Genom repliziert (= kopiert) und transkribiert (= in RNA umgeschrieben).
Liegt das genetische Material locker und entspiralisiert vor, spricht man von **Euchromatin**, der aktiven Form des Chromatins. Bei einer stark stoffwechselaktiven Zelle kann man daher eine funktionelle Zellkernschwellung und ein vermehrtes Auftreten des Euchromatins erwarten. **Heterochromatin** hingegen ist stärker spiralisiert und erscheint im Mikroskop dunkler. Aufgrund der höheren Spiralisierung wird es nicht abgelesen und ist somit inaktiv. Der Inhalt des Zellkerns ist durch die **Kernhülle** vom Rest der Zelle abgegrenzt. Diese besteht aus einer inneren und einer äußeren (Kern-)Membran. Solch eine Doppelmembran findet man übrigens auch bei den Mitochondrien.
Die äußere Kernmembran steht mit dem rauen endoplasmatischen Retikulum in Verbindung. Hier können membrangebundene Ribosomen lokalisiert sein. Direkt unter der inneren Membran liegt eine Schicht aus Intermediärfilamenten (= Laminen), die die Kernlamina bilden. Diese Schicht ist u.a. für die Kernform verantwortlich und erfüllt daher mechanische Aufgaben.

Zwischen dem Kerninnenraum und dem Rest der Zelle besteht ein reger Stoffaustausch durch die Kernporen:
- mRNAs, rRNAs und tRNAs gelangen so in das Zytoplasma,
- nucleäre Proteine (z.B. Histone) – die wie alle Proteine für den Eigenbedarf im Zytoplasma an freien Ribosomen synthetisiert werden – gelangen Dank eines spezifischen Signalpeptids (= Adressaufkleber) in den Kern.

Übrigens...
Die Kernhülle ist nur während der Interphase existent. Bei der Zellteilung wird sie in kleine Bläschen abgebaut und muss so später in den Tochterzellen nicht komplett neu synthetisiert werden, da die Bläschen wieder zur Kernhülle recycelt werden können.

1.4.1 Nucleolus

Der Nucleolus (= Kernkörperchen) fällt histologisch durch eine starke Anfärbung auf. In ihm wird ribosomale RNA (= rRNA) hergestellt, die für die Ribosomenbildung notwendig ist. Die Nucleoli können nur von den **NORs** (= Nucleolus–Organizer–Regions = bestimmte Chromosomenregionen) gebildet werden. Hier liegen die Gene, die für die rRNA codieren, in vielen Kopien (= redundant) vor.

Übrigens...
- Die Nucleoli sind von KEINER Membran umgeben und stellen somit auch KEIN eigenes Kompartiment dar.
- Nucleoli sind nur in der Interphase vorhanden. Bei der Zellteilung (= Mitose, s. S. 26) verschwinden sie, da die Chromosomen dann maximal kondensieren und somit keine Möglichkeit besteht, weiterhin rRNA abzulesen.
- Bei stark stoffwechselaktiven Zellen (z.B. Hepatozyten) können in einem Kern auch mehrere Nucleoli vorhanden sein, wodurch mehr Ribosomen für die Translation gebildet werden.

1.5 Zytoplasma

Das Zytoplasma ist ein mit Proteinen, Wasser, Nucleinsäuren, Zuckern (auch Glykogen!), Ionen und anderen Metaboliten angefüllter Raum. Dazu zählen auch die Zellorganellen, nicht jedoch der Zellkern. Der hat sein spezielles Karyoplasma.

MERKE:
Glykogen wird im Zytoplasma gespeichert und zwar in Form elektronendichter Granula.

Übrigens...

In diesem Zusammenhang ist der Begriff **Kern-Plasma-Relation** von Bedeutung. Er beschreibt das Verhältnis zwischen Kernvolumen und Zytoplasmamenge der Zelle. So kann man bei besonderen Leistungen der Zelle eine funktionelle Kernschwellung und die Ausbildung mehrerer Nucleoli (s. 1.4.1, S. 13) beobachten. Es gilt: Je mehr Kernvolumen, desto mehr Leistung kann der Kern als Steuerungszentrale vollbringen.

Übrigens...

Eine bedeutsame **Ausnahme** stellen reife **Erythrozyten** da. Wie kann man sich das erklären? Die roten Blutkörperchen haben im Laufe ihres „Fertigungsprozesses" ihren Kern ausgestoßen. Als Folge dieses Verlustes der übergeordneten Steuerzentrale sind auch Organellen wie das endoplasmatische Retikulum (s. a. 1.6.3, S. 17) oder eben Mitochondrien verloren gegangen.

1.5.1 Caspasen

Caspasen sind spezifische, im Zytoplasma lokalisierte Proteasen, die nach Aktivierung zur Apoptose (= programmierter Zelltod) führen. Sie spalten zahlreiche andere Proteine und aktivieren DNAsen, die das Genom zerstören. Ferner ist die Freisetzung von **Cytochrom c** aus den Mitochondrien für eine Apoptose charakteristisch.

1.5.2 Proteasom

Das zytoplasmatisch lokalisierte Proteasom dient der kontrollierten intrazellulären Proteolyse. Überalterte oder fehlgefaltete Proteine werden hierbei mit einem Markerprotein – dem **Ubiquitin** – versehen. So als Müll gekennzeichnet, werden sie in das fassförmige Proteasom aufgenommen und dort abgebaut.

Übrigens...

Weitere intrazelluläre Proteasen findet man in den Lysosomen (s. 1.6.6, S. 20).

1.6 Zellorganellen

Nun geht es um die einzelnen Organellen, die in der Zelle zu finden sind. Für eine orientierende Übersicht schaut man sich am besten noch einmal die Zellskizze aus Seite 1 an, da hier auch die wichtigsten Zellorganellen eingezeichnet sind.

1.6.1 Mitochondrien

Das Thema Mitochondrien wird sehr oft im schriftlichen Examen geprüft. Das liegt daran, dass es eine Fülle von interessanten Fakten zu dieser Organelle gibt – das Mitochondrium hat sogar eine eigene (!) DNA. Doch nun der Reihe nach...

Mitochondrien sind die Kraftwerke der Zellen. Sie kommen in **fast** allen eukaryontischen Zellen in unterschiedlicher Anzahl vor.

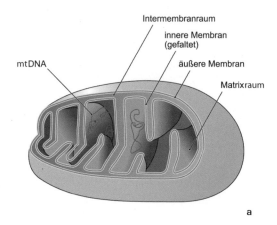

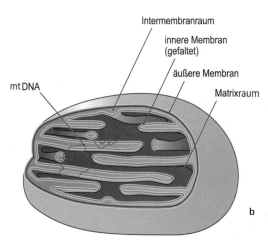

Abb. 17: Mitochondrium; a) Cristae-Typ; b) Tubulus-Typ

Mitochondrien haben zwei Membranen:
- Die äußere Membran ist relativ glatt und enthält Porine, die Moleküle bis zu einer Größe von 10 kDa durchlassen,
- die innere Mitochondrienmembran ist stark gefaltet und relativ undurchlässig.

Man unterscheidet den **Tubulus**- und den **Cristae-Faltungstyp**, die beide eine Oberflächenvergrößerung zur Folge haben.
- Der Cristae-Typ ist für stark stoffwechselaktive Zellen (z.B. Herzmuskelzellen) charakteristisch.
- Den Tubulus-Typ findet man in Zellen, die Steroidhormone produzieren.

Eingebettet in der inneren Membran liegen die Enzyme der **Atmungskette** und der **ATP-Synthese**. Den Raum, den die innere Mitochondrienmembran umschließt, nennt man Matrixraum. Hier sind die Enzyme der **β-Oxidation** und des **Citratzyklus** lokalisiert.

Innerhalb der Membranen gibt es zahlreiche Transporterproteine (u.a. TIM und TOM = transporter inner membrane und transporter outer membrane), die für den Austausch von Metaboliten (= Stoffwechselprodukten) zuständig sind. Für die Mitochondrien bestimmte Proteine, die im Zytoplasma synthetisiert wurden, tragen z.B. eine spezifische Signalsequenz (= Erkennungssequenz, Adressaufkleber) und werden damit in das Mitochondrium eingeschleust. Im Matrixraum wird dieses Signalpeptid durch eine Signalpeptidase entfernt.

Die innere Mitochondrienmembran ist reich an einem besonderen Fett – dem **Cardiolipin** – das sonst nur in Bakterienmembranen vorkommt. Die Antwort auf die Frage, warum es dann im Mitochondrium lokalisiert ist, gibt die **Endosymbiontentheorie**:

Diese Hypothese nimmt an, dass Mitochondrien ursprünglich Bakterien waren, die in andere Zellen aufgenommen wurden und dort fortan in einer symbiotischen Beziehung lebten. Die Bakterien sollen durch Endozytose in die Wirtszellen gelangt sein. Dies würde auch das Vorhandensein von **zwei Membranen** erklären, wobei die innere Membran sich von den Bakterien ableitet und daher passender Weise auch das spezifische **Bakterienlipid Cardiolipin** beinhaltet. Auch andere spezifische Eigenschaften der Mitochondrien lassen sich mit dieser Endosymbiontentheorie erklären:
- Mitochondrien haben ihr eigenes Genom – eine doppelsträngige zirkuläre DNA – die mehrfach vorhanden ist. Diese **mtDNA** zeichnet sich dadurch aus, dass sie quasi nackt (= ohne Histonschutz) vorliegt; eine Eigenschaft, die auch **bakterielle DNA** hat (s. Biologie 2, 3.2.3). Die mtDNA besitzt etwa 16,5 kB (nicht kilobyte sondern **kiloB**asenpaare = 16.500 Basenpaare...) und codiert für 13 Proteine, die für die Atmungskette wichtig sind. Die Atmungskette wird aber nur teilweise über das mitochondriale Genom codiert, den Rest übernimmt die Kern-DNA. Weiterhin codiert die mtDNA für eigene tRNAs und rRNAs.
- Der genetische Code der mtDNA unterscheidet sich von dem der Kern-DNA, das bedeutet, dass teilweise andere Codons für Aminosäuren codieren.
- Mitochondriale Ribosomen zeigen ebenfalls einen bakterienähnlichen Aufbau. Es sind 70S-Ribosomen, während normale eukaryontische Ribosomen 80S-Ribosomen sind (s. a. Ribosomen 1.6.2, S. 16).
- Mitochondrien vermehren sich **azyklisch** (bezogen auf den Zellzyklus) durch einfache Teilung. So kann die Zelle auf vermehrte Belastungen reagieren und ihren Stoffwechsel anpassen.

MERKE:
Zu Mitochondrien und Endosymbiontentheorie:
- zwei Membranen, in der inneren Membran Bakterienlipid Cardiolipin,
- eigene mtDNA, teilweise anderer genetischer Code,
- 70S-Ribosomen.

Übrigens...
- Die Aufteilung der Mitochondrien auf die beiden Tochterzellen bei der Zellteilung erfolgt zufällig.
- Aufgrund der relativen Nähe der Atmungskette mit ihren gefährlichen Sauerstoff-Metaboliten, dem fehlenden Histonschutz und einem ineffizienten Reparaturmechanismus resultiert eine 10 mal höhere Mutationsrate der mtDNA als bei der Kern-DNA. Das ist eine mögliche Erklärung für bestimmte mitochondriale Erkrankungen. (Genauere Kenntnisse über diese Krankheiten wurden bislang im Physikum nicht verlangt...).
- **Zyankali**, das Salz der Blausäure, ist ein Gift, das in der Atmungskette das Enzym **Cytochrom-c-Oxidase** hemmt.
- Mitochondrien werden maternal (= von der Mutter) vererbt. Der Grund dafür ist, dass die paternalen (= vom Vater stammenden) Mitochondrien bei der Befruchtung gar nicht in die Eizelle eindringen. (s. a. Biologie 2, 2.3.3).

www.medi-learn.de

1.6.2 Ribosomen

Ribosomen bestehen aus **rRNA** und **Proteinen**. Das eukaryontische 80S-Ribosom setzt sich aus einer 60S- und einer 40S-Untereinheit zusammen. Es ist üblich, die Sedimentationskoeffizienten der Ribosomen anstatt der Masse anzugeben. Diese S-Werte sind **NICHT additiv** (denn 60 + 40 gibt ja nicht genau 80...).

Die beiden ribosomalen Untereinheiten lagern sich an einem Strang mRNA zusammen, und an diesem Komplex können dann Proteine entstehen (s. Translation, S. 39). Je nachdem, wo die zusammengesetzten Ribosomen lokalisiert sind, haben sie unterschiedliche Funktionen – Ribosom ist also nicht gleich Ribosom...

> **Übrigens...**
> Eukaryontische (= 80S-) und prokaryontische (= 70S-) Ribosomen sind unterschiedlich aufgebaut (s. Biologie 2, Abb. 6).

Lokalisation	Funktion
Zytoplasma	Hier liegen **freie Ribosomen** vor. An ihnen werden zytoplasmatische und nucleäre Proteine hergestellt. Freie Ribosomen, die mit demselben Strang mRNA assoziiert sind, nennt man auch **Polysomen**. Da sie alle dieselbe mRNA ablesen, produzieren sie natürlich auch alle das gleiche Protein.
rER	An den membrangebundenen Ribosomen werden Exportproteine, Membranproteine und lysosomale Proteine synthetisiert. Viel rER findet man z.B. in aktiven Drüsenzellen, da diese viele Exportproteine benötigen.
Mitochondrium	Die hier lokalisierten Ribosomen lesen die mRNA der mitochondrialen DNA (= mtDNA) ab.

Tabelle 3: Lokalisation von Ribosomen

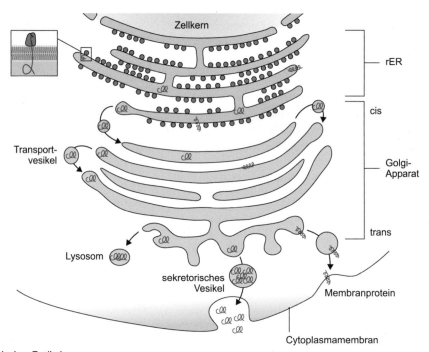

Abb. 18: Endoplasmatisches Retikulum

1.6.3 Endoplasmatisches Retikulum (= ER)

Das endoplasmatische Retikulum ist ein dreidimensionales, aus Membranen aufgebautes Hohlraumsystem innerhalb der Zelle. Im Zellalltag ist es ständig im Umbau: die Membranen schaffen neue Formen und Vesikel werden abgegeben.
Vereinfacht ausgedrückt, dient das ER der Kompartimentierung von Stoffwechselräumen (für die Protein- und Steroidsynthese), dem Membranfluss und dem Transport von Stoffen. Zum Aufbau muss man sich merken, dass das ER im Bereich des Zellkerns in die äußere Kernmembran übergeht. Auf der anderen Seite steht es mit dem Golgi-Apparat in Verbindung.
Morphologisch unterscheidet man
- das **rER** = rough ER = raues ER und
- das **sER** = smooth ER = glattes ER.

Diese beiden unterschiedlichen Arten des ER werden im Folgenden näher besprochen.

rER (= raues endoplasmatisches Retikulum)

Die Aufgabe des rER ist es, Exportproteine, Membranproteine und auch lysosomale Proteine herzustellen. Zur Erinnerung: Proteine, die für das Zytoplasma oder den Zellkern bestimmt sind, werden von Polysomen synthetisiert (s. Ribosomen, S. 16).

> **Übrigens...**
> - Das rER ist deshalb rau, weil es membrangebundene Ribosomen besitzt, die seine Oberfläche unter dem Elektronenmikroskop körnig aussehen lassen.
> - Die **Nisselschollen** in den Nervenperikaryen sind ebenfalls rER. Man nennt sie auch Tigroid, da sie unter dem Elektronenmikroskop ähnlich wie ein Tigerfell aussehen.

Doch wie gelangen die Ribosomen überhaupt auf das ER?
Zunächst muss sich ein Ribosom an einer mRNA zusammengesetzt haben, die ein **Signalpeptid** (= eine Signalsequenz, Adressaufkleber) für das ER trägt. Solch eine Erkennungssequenz tragen die mRNAs, die für Proteine codieren, die – im Gegensatz zur polysomalen Translation – für den Export, die Membran oder für Lysosomen bestimmt sind.

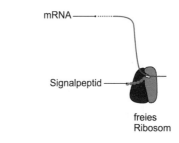

Abb. 19a: Ribosom und Signalpeptid

An dieses Signalpeptid bindet ein SRP (= Signal Recognition Particle). Das SRP besteht u.a. aus einer speziellen RNA, der scRNA (= small cellular RNA, s. S. 37).

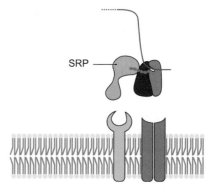

Abb. 19b: Ribosom und SRP

Dieses SRP bindet wiederum an einen SRP-Rezeptor, der in der Membran des ER sitzt. Dadurch wird das Ribosom auf einem **Translocon** (= ein integrales Membrantunnelprotein) positioniert, durch das anschließend die synthetisierte Polypeptidkette ins Innere des rER abgegeben wird.

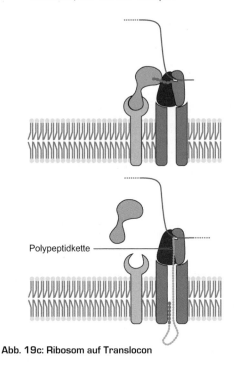

Abb. 19c: Ribosom auf Translocon

Da das SRP reversibel bindet, kann es nach getaner Arbeit wieder abdissoziieren. Die Signalsequenz wird noch während der Translation abgespalten, die fertige Polypeptidkette schließlich noch gefaltet und posttranslational modifiziert (z.B. N-Glykosylierung, s. 2.1.8, S. 39).

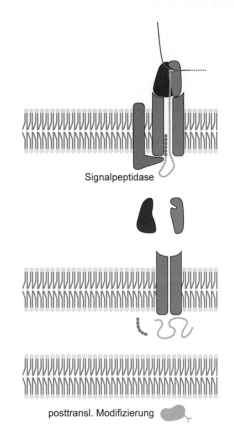

Abb. 19d: Fertigstellung des Polypeptids

sER (= glattes endoplasmatisches Retikulum)

Dort, wo keine Ribosomen gebunden sind, hat das ER eine glatte Oberfläche und wird daher sER (= smooth ER) genannt.
Folgende Aufgaben des sER sind im schriftlichen Physikum von Bedeutung:
- **Biotransformation** = Entgiftung von schädlichen Stoffen sowie Inaktivierung von Arzneimitteln. Es kann aber auch zu einer Giftung – also einer Erhöhung der Toxizität kommen. Das Enzym **Cytochrom P450** spielt bei der Biotransformation eine große Rolle. Es kann durch bestimmte Stoffe induziert (= mengenmäßig vermehrt) werden. Solche Induktoren sind z.B. **Barbiturate** und **Rifampicin**. Ein Beispiel für die klinische Bedeutung dieses Wissens: Orale Kontrazeptiva werden über das Cytochrom P450-System abgebaut. Wird dieses System induziert, so werden die Kontrazeptiva schneller abgebaut und somit unwirksam. Als Folge kann es zu einer

unerwünschten Schwangerschaft kommen. Weiteres zur Biotransformation findet ihr im Skript Biochemie 7.
- **Fettstoffwechsel** = Synthese von Steroidhormonen und Phospholipiden.
- **Calciumspeicher**, vor allem in der Muskulatur. Im Muskelgewebe nennt man das glatte ER auch sarkoplasmatisches Retikulum. Von sarkos (gr.) = Muskelfleisch.

Übrigens...
Das sER kann jederzeit durch Anlagerung von Ribosomen in ein rER umgewandelt werden.

1.6.4 Golgikomplex (= Golgi-Apparat)
Der Golgi-Apparat setzt sich aus mehreren Stapeln glattwandiger Membransäckchen zusammen. Diese einzelnen Stapel bezeichnet man als Diktyosomen oder Zisternen. Der Golgi-Apparat ist polar aufgebaut und besitzt eine Bildungs (= cis)-Seite und eine Abgabe(= trans)-Seite. Er dient der Reifung, Sortierung und Verpackung von Proteinen.

Zur cis-Seite werden Vesikel mit Proteinen vom rER transportiert. Innerhalb des Golgi-Komplexes wird die schon im rER begonnene posttranslationale Proteinmodifizierung fortgeführt (z.B. eine O-Glykosylierung, Sulfatierung oder Phosphorylierung).

Vesikel, deren Inhalt zur Exozytose bestimmt ist, werden durch den Golgi-Apparat per vesikulärem Transport bis zur trans-Seite weitergeleitet. Dort schnüren sich die Vesikel ab und wandern zur Zytoplasmamembran, mit der sie verschmelzen. Dabei wird ihr Inhalt (z.B. Hormone oder Sekrete) freigesetzt.

Aufgrund der Membranverschmelzung werden bei der Exozytose ständig neue Membrananteile in die Zellmembran integriert. Auf diese Weise können auch Transporter und Rezeptoren in die Zytoplasmamembran eingebaut werden. Der zytoplasmatische Teil eines Proteins bleibt dabei zum Zytoplasma gerichtet, während der Anteil des Proteins, der in den Vesikel ragt, später in den Extrazellulärraum weist. Für **glykosylierte Proteine**, die ihren Zuckerbaum im Inneren des Vesikels tragen, wird dadurch gewährleistet, dass dieser später auch korrekt nach außen gerichtet ist.

Doch woher wissen die Proteine, wo sie hin sollen? Diese Zielsteuerung geschieht über **Signalpeptide** und **Signalzucker**, die von Rezeptoren erkannt werden und so den weiteren Weg eines Proteins festlegen. Nach Erfüllung ihrer Aufgabe werden diese Signalsequenzen durch Signalpeptidasen abgespalten.

Mannose-6-Phosphat stellt z.B. eine solche Signalgruppe für lysosomale Proteine dar. Diese werden dadurch sicher zu ihrem Ziel – den Lysosomen – geleitet.

MERKE:
Die Hauptzielorte der Proteine aus dem Golgi-Apparat sind der Extrazellulärraum, die Plasmamembran und die Lysosomen.

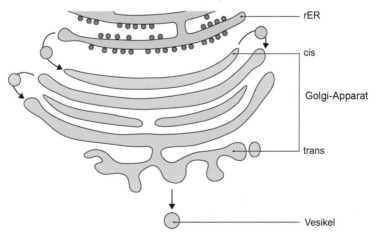

Abb. 20: Golgi-Apparat

1.6.5 Exkurs: Rezeptorvermittelte Endozytose

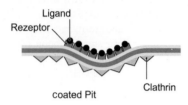

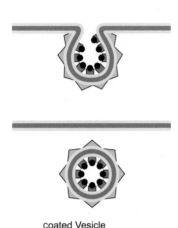

Abb. 21: Rezeptorvermittelte Endozytose

> **Übrigens...**
> - Als **Transzytose** bezeichnet man einen vesikulären Transport durch die Zelle hindurch: Auf der einen Seite werden die Stoffe mittels Endozytose aufgenommen, auf der anderen Seite durch Exozytose abgegeben.
> - Als **Pinozytose** bezeichnet man den Transport flüssiger Stoffe in die Zelle hinein.
> - Bei der **Phagozytose** werden feste Stoffe aufgenommen.

Die rezeptorvermittelte Endozytose läuft in charakteristischen Schritten ab.
1. Zunächst binden in einer bestimmten Region der Zellmembran die aufzunehmenden Stoffe an spezifische Rezeptoren.
2. Diese Bindung bewirkt, dass sich **Clathrinmoleküle** auf der zytoplasmatischen Seite der Membran anlagern, was zu einer Eindellung führt. Diese Delle nennt man auch **Coated Pit**.
3. Die Clathrinmoleküle haben das Bestreben eine hexagonale, fast kugelige Struktur auszubilden, wodurch ein Vesikelbläschen = **Coated Vesicle** entsteht, das in die Zelle schwimmt.
4. Dort angekommen, diffundieren die Clathrinmoleküle von der Vesikelmembran ab und der Vesikel reift dadurch zum Endosom heran.

1.6.6 Lysosomen

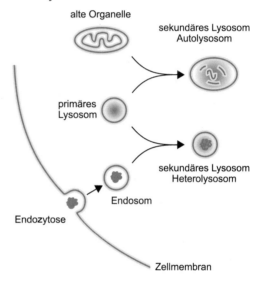

Abb. 22: Lysosomen

Die Lysosomen werden vom Golgi-Apparat gebildet. Sie sind membranumgrenzte Organellen, die für den Materialabbau zuständig sind. Zu diesem Zweck enthalten sie als Enzyme **saure Hydrolasen**.

Je nachdem welche Stoffe aufgenommen werden, unterscheidet man:
- **Autolysosomen** = bauen überaltertes **zelleigenes Material** ab und
- **Heterolysosomen** = verdauen unerwünschtes **Fremdmaterial**.

Leere Lysosomen, die noch nicht mit Abfall gefüllt sind, nennt man **primäre** Lysosomen. Aus diesen entstehen nach Aufnahme von abzubauendem Material die **sekundären** Lysosomen.

Übrigens...
- Bei der Zellalterung entsteht das braungelbe Abnutzungspigment **Lipofuszin**, das lysosomale Abbauprodukt von Lipoproteinen.
- **Akrosomen** sind eine Sonderform von Lysosomen, die im Spermienkopf vorkommen. Sie besitzen ebenfalls hydrolysierende Enzyme, die sie allerdings für die Durchdringung der Corona radiata und der Zona pellucida der Eizelle benötigen.

MERKE:
Akrosomen sind die Lysosomenäquivalente der Spermien.

1.6.7 Peroxisomen
Peroxisomen (= Microbodies) sind membranbegrenzte Organellen, die besonders zahlreich in Leber- und Nierenzellen vorkommen. Sie enthalten die Enzyme **Katalase** und **Peroxidase**, die dem Abbau von intrazellulär entstandenem H_2O_2 (= Wasserstoffperoxid) dienen.
Leberperoxisomen sind daneben auch in den **Fettstoffwechsel** involviert und bauen besonders lange Fettsäuren ab.

DAS BRINGT PUNKTE

Das Thema Zytologie erfreut sich regelmäßig großer Beliebtheit unter den fragenformulierenden Professoren. Unbedingt merken sollte man sich daher zum Unterthema **Zell-Zell-Kontakte**, dass
- die Zonula occludens (Strukturproteine = Occludine) zwei Hauptfunktionen hat, und zwar:
  - als Permeabilitätsbarriere und
  - zur Zellkompartimentierung.
- Zonula adhaerens und Macula adhaerens prinzipiell gleichartig aufgebaut sind (interzelluläres Kittmaterial – Plaque – Verbindung nach intrazellulär), Unterschiede aber zum einen in der Ultrastruktur der Proteinkomponenten liegen und zum anderen die Macula adhaerens punktförmig und die Zonula adhaerens streifenförmig aufgebaut ist.
- die Gap Junctions aus je zwei Connexonen bestehen (ein Connexon ist wiederum aus sechs Connexinen aufgebaut). Gap Junctions verbinden die Zytoplasmaräume verschiedener Zellen miteinander und können sie so metabolisch und elektrisch koppeln.

Für das Unterthema **Zytoskelett** ist absolut wissenswert, dass
- nach zunehmender Größe Mikrofilamente < Intermediärfilamente < Mikrotubuli unterschieden werden.
- Mikrofilamente hauptsächlich aus Aktin bestehen und mechanische Aufgaben erfüllen.
- Intermediärfilamente ortsspezifisch sind (s. Tabelle 2, S. 11) und ebenfalls mechanische Aufgaben haben.
- Mikrotubuli aus Tubulinen bestehen und dass sie zum einen für Transportprozesse (= Motorproteine Dynein und Kinesin) aber auch für die strukturelle Integrität der Zelle wichtig sind. Außerdem sind Mikrotubuli an der Ausbildung von Kinozilien (= Oberflächendifferenzierung) und des Spindelapparats (Zellteilung) beteiligt.

Bei den Themen Zellkern und Zytoplasma sollte man sich folgende Fakten gut merken:
- Der Zellkern ist die Steuerzentrale der Zelle; er enthält die DNA.
- Der Zellkern ist durch eine Doppelmembran – die Kernhülle – vom Zytoplasma abgegrenzt. Diese Hülle kann auf der Außenseite mit dem rER in Verbindung stehen, auf der Innenseite wird sie durch die Kernlamina unterstützt. In der Hülle befinden sich Kernporen.
- Der Nucleolus (= Kernkörperchen) ist nicht(!) von einer Membran umgeben. Er besteht aus RNA und Proteinen.
- Caspasen sind spezielle Proteasen, die nach ihrer Aktivierung zur Apoptose führen.
- Das Proteasom ist ein fassförmiger Komplex, der ubiquitinmarkierte Proteine abbaut. Es werden solche Proteine markiert, die alt oder fehlgefaltet sind.

Zu den Zellorganellen ist folgendes Wissen unabdingbar:
- Mitochondrien haben zwei Membranen, dadurch entstehen der Matrixraum und der Intermembranraum (s. Abb. 17, S. 14).
- Mitochondrien enthalten Enzyme der Atmungskette, der Beta-Oxidation und des Citratzyklus.
- Mitochondrien haben ihre eigene DNA – die mt DNA.
- Man unterscheidet 70S- (= prokaryontische) und 80S- (= eukaryontische) Ribosomen.
- Man unterscheidet freie (= zytoplasmatisch lokalisierte) und membrangebundene (= am rER) Ribo-

www.medi-learn.de

somen. Freie Ribosomen synthetisieren Proteine für den Eigenbedarf, membrangebundene Ribosomen meist Exportproteine (aber auch z.B. lysosomale Proteine).
- Das sER (= glattes endoplasmatisches Retikulum) ist in die Biotransformation und den Fettstoffwechsel involviert. Zusätzlich dient es als Calciumspeicher.
- Der Golgi-Apparat dient der Reifung und Sortierung von Proteinen. Man unterscheidet eine cis- (= Bildungs-) und eine trans- (= Abgabe-)Seite.
- Lysosomen bauen zelleigenes oder Fremdmaterial ab. Man nennt sie folglich Autolysosomen oder Heterolysosomen. Für den Materialabbau benutzen sie saure Hydrolasen.
- Die Akrosomen der Spermien sind Lysosomenäquivalente.
- Peroxisomen bauen intrazellulär entstandenes H_2O_2 ab. Dafür benutzen sie die Enzyme Katalase und Peroxidase.

BASICS MÜNDLICHE

Wie ist die Zellmembran aufgebaut?
Die Zellmembran besteht aus einer Phospholipiddoppelschicht. In diese Schicht sind Proteine wie bei einem Flickenteppich eingewebt (Fluid-Mosaik-Modell). (Man kann natürlich noch weiter ausholen und den Aufbau eines Phospholipids sowie von Mono- und Bilayern beschreiben (s. Zellmembran, S. 2).

Nennen Sie bitte die wichtigsten Zell-Zell-Kontakte einer Epithelzelle.
- Zonula occludens (Tight Junction)
- Zonula adhaerens
- Macula adhaerens (Desmosomen)
- Gap Junction (Nexus)

Was ist das Zytoskelett?
Das Zytoskelett besteht aus verschiedenen Proteinen, die innerhalb der Zelle für Stabilität sorgen. Einige Proteine haben auch spezifische Aufgaben. Im Einzelnen unterscheidet man:
- Mikrofilamente
- Intermediärfilamente
- Mikrotubuli

Erläutern sie bitte den Unterschied zwischen Euchromatin und Heterochromatin.
Euchromatin ist die aktive Form des Chromatins. Das genetische Material liegt relativ locker vor und kann gut abgelesen werden. Heterochromatin hingegen ist wesentlich höher spiralisiert. Da es nicht abgelesen wird, kann man es als inaktives genetisches Material beschreiben. Euchromatin erscheint im Mikroskop heller als Heterochromatin.

Welche mitochondrialen Eigenschaften bringen Sie mit der Endosymbiontentheorie in Verbindung?
Die Endosymbiontentheorie besagt, dass Mitochondrien ursprünglich Bakterien waren, die in andere Zellen aufgenommen wurden. Ab dann lebten sie in einer symbiotischen Beziehung. Mitochondrien haben also noch einige „Relikte" aus ihrer prokaryontischen Vergangenheit zu bieten:
- Mitochondrien haben ihr eigenes Genom. Dieses ist, wie bei Bakterien, doppelsträngig und ringförmig.
- Mitochondriale Ribosomen zeigen ebenfalls einen bakterienähnlichen Aufbau (70S-Ribosomen).

(Weitere „Relikte" s. 1.6.1, S. 14)

Wie läuft eine rezeptorvermittelte Endozytose ab?
Die Stoffe, die aufgenommen werden sollen, binden zunächst über spezifische Rezeptoren an der Zellmembran. Durch diese Bindung lagern sich Clathrinmoleküle an der Innenseite der Membran an. Sie bewirken eine Eindellung – ein Coated Pit entsteht. Diese Eindellung rundet sich nun zu einem Vesikelbläschen ab – ein Coated Vesicle entsteht. Im Anschluss diffundieren die Clathrinmoleküle vom Membranbläschen ab.

Was sind Lysosomen und welche Aufgabe haben sie?
Lysosomen sind Organellen in denen zelleigenes oder fremdes Material abgebaut wird (Auto- vs. Heterolysosomen). Zu diesem Zweck besitzen die Lysosomen saure Hydrolasen.
Ein Lysosom, das noch keine Abbaustoffe aufgenommen hat, bezeichnet man als primäres Lysosom, nach Aufnahme abzubauender Stoffe wird es zum sekundären Lysosom.

VOR DER VERMEHRUNG DER ZELLEN SOLLTET IHR EUREN GRAUEN VERTRETERN DIESER SPEZIES EIN WENIG ENTSPANNUNG GÖNNEN.

Damit Medizinstudenten eine sichere Zukunft haben
Kompetente Beratung von Anfang an

Bereits während Ihres Studiums begleiten wir Sie und helfen Ihnen, die Weichen für Ihre Zukunft richtig zu stellen. Unsere Services, Beratung und Produktlösungen sind speziell auf Ihre Belange als künftige(r) Ärztin/Arzt ausgerichtet:

- PJ-Infotreff
- Bewerber-Workshop
- Versicherungsschutz bei Ausbildung im Ausland
- Karriereplanung
- Finanzplanung für Heilberufe – zertifiziert durch den Hartmannbund

Zudem bieten wir Mitgliedern von Hartmannbund, Marburger Bund, Deutschem Hausärzteverband und Freiem Verband Deutscher Zahnärzte zahlreiche Sonderkonditionen.

Interessiert? Dann informieren Sie sich jetzt!
Bitte nutzen Sie unsere VIP-Faxantwort auf der Rückseite dieser Anzeige.

Deutsche Ärzte Finanz
Beratungs- und Vermittlungs-AG
Colonia Allee 10–20 · 51067 Köln
Telefon: 02 21/1 48-3 23 23
Telefax: 02 21/1 48-2 14 42
E-Mail: service@aerzte-finanz.de
www.aerzte-finanz.de

VIP-Faxantwort

Fax-Hotline: 02 21/1 48-2 14 42

Informieren Sie mich bitte zu den folgenden Themen:

☐ **Versicherungsschutz für Auslandsaufenthalte**
  ☐ Länderinformationen für Auslandsaufenthalte. Land: _____

☐ **Absicherung bei Berufsunfähigkeit**

☐ **Haftpflichtversicherung**
  ☐ Vorklinik   ☐ Klinik   ☐ Famulatur

☐ **Seminarangebote rund um Prüfungsvorbereitung, Bewerbung und Karriere**

☐ **Sonstiges:** _____

_____   _____
Name/Vorname   Straße/Ort

_____   _____
Telefon   Fax

_____   _____   _____
E-Mail   Universität   Semester

Ich wünsche eine persönliche Beratung. Bitte melden Sie sich zwecks Terminvereinbarung am günstigsten in der Zeit von _____ Uhr bis _____ Uhr unter der vorgenannten Rufnummer.

_____   _____
Datum   Unterschrift

Deutsche Ärzte Finanz
Beratungs- und Vermittlungs-AG
Colonia Allee 10–20 · 51067 Köln
Telefon: 02 21/1 48-3 23 23
Telefax: 02 21/1 48-2 14 42
E-Mail: service@aerzte-finanz.de
www.aerzte-finanz.de

1.7 Zellvermehrung und Keimzellbildung

In diesem Kapitel geht es um die Methoden, mit denen sich Zellen vermehren können. Dieser Abschnitt ist absolut prüfungsrelevant, da Fragen zur Mitose und/oder Meiose bislang in nahezu jedem Physikum vorkamen.
Beginnen wir daher den munteren Reigen mit dem Zellzyklus...

1.7.1 Zellzyklus

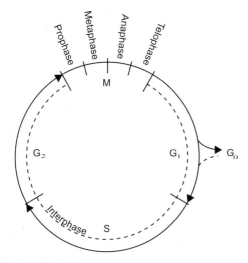

Abb. 23: Zellzyklus

Zellen, die sich vermehren, durchlaufen einen Zellzyklus. Man teilt ihn in vier verschiedene Phasen ein: $G_1 \rightarrow S \rightarrow G_2 \rightarrow M$. Zusätzlich gibt es ein G_0-Stadium. Die Phasen G_1, S und G_2 bezeichnet man auch als **Interphase**.

G_1-Phase	S-Phase	G_2-Phase	M-Phase
„Gap" (engl. Lücke)	Synthese	„Gap" (engl. Lücke)	Mitose
	Interphase		
Wachstumsphase oder → G_0-Stadium	DNA-Verdopplung	Kontrollphase	Zellteilung

Tabelle 4: Übersicht Zellzyklus

Übrigens...
- Ein Zellzyklus kann je nach Zellart unterschiedlich lange dauern. Zwei Beispiele aus dem Epithelbereich: das Darmepithel braucht drei bis vier Tage, das verhornte Plattenepithel der Haut bis zu 30 Tage, um sich vollständig zu erneuern.
- Bei einer Krebsbehandlung mit Zytostatika gehen neben den Tumorzellen auch solche Zellen zugrunde, die physiologischerweise eine hohe Teilungsrate haben. Eine gefürchtete Nebenwirkung sind daher heftigste, blutige Durchfälle.

G_1-Phase
Die G_1-Phase ist eine Wachstumsphase von variabler Dauer. Sie beginnt direkt im Anschluss an die Zellteilung und ist durch eine hohe Protein- und RNA-Syntheserate gekennzeichnet. Dabei werden neben Strukturproteinen auch die Proteine hergestellt, die für die anschließende S-Phase von Nöten sind = Replikationsenzyme für die DNA, Proteine des Spindelapparats u.a. Am Ende der G_1-Phase befindet sich der G_1/S-Kontrollpunkt. Nur wenn alle Voraussetzungen für die Synthesephase erfüllt sind, kann die Zelle ihn passieren und in die S-Phase eintreten.

Übrigens..
Zellen, die sich nicht weiter teilen, können von der G_1-Phase in ein G_0-Stadium (= Ruhestadium) gelangen. In diesem Ruhestadium können sie geraume Zeit verweilen und anschließend wieder zurück in den Zellzyklus eintreten. Nur bei den Zellen, die eine **terminale Differenzierung** durchgemacht haben (= z.B. adulte Nervenzellen), bleibt der Weg zurück für immer versperrt...

Bevor ihr euch der S-Phase des Zellzyklus widmet, hier noch die Definition zweier sehr wichtiger Buchstaben: Was bedeuten „n" und „C" im Zusammenhang mit Zellvermehrung?
- n steht für den **Chromosomensatz**: 1n ist die Bezeichnung für einen haploiden (= einfachen) Chromosomensatz, 2n bezeichnet einen diploiden (=doppelten) Chromosomensatz.
- C steht für **Chromatide**. Als Chromatide bezeichnet man einen DNA-Strang, der ein Chromosom aufbaut. Ein Chromosom kann aus einer oder zwei Chromatiden bestehen. Folgerichtig bezeichnet man es dann auch als ein- oder zweichromatidiges Chromosom (s.a. Abb. 25).

Die Chromosomen einer Körperzelle in der Interphase werden durch den Term 2n 2C charakteri-

siert. 2n 2C bedeutet zunächst, dass wir Menschen einen diploiden Chromosomensatz haben (= 2n). Da in der Interphase einchromatidige Chromosomen vorliegen, könnte man fälschlicherweise denken, im Term müsse stehen 1C.
Richtig ist jedoch 2C, da wir ja einen diploiden Chromosomensatz haben, und die einchromatidigen Chromosomen folglich zweimal vorliegen.

S-Phase

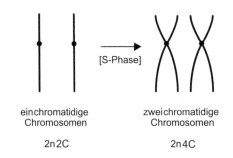

Abb. 24: S-Phase

In der S-Phase wird die DNA verdoppelt:
Zu beachten ist, dass der Chromosomensatz sowohl in der G_1-Phase als auch in der S-Phase **diploid** (= 2n) vorliegt. Es haben sich nämlich nur die Chromatiden verdoppelt (von 2C zu 4C).

MERKE:
In der G_1- und G_0-Phase besteht ein Chromosom aus einer, in der G_2-Phase aus zwei Chromatiden. Eine Reduktion auf einen haploiden Chromosomensatz findet nur bei der Meiose (s. 1.7.3, S. 28) statt.

Übrigens...
Neben der DNA werden auch ein paar Proteine in der S-Phase produziert. Hier sollte man sich die **Histone** merken.

G_2-Phase
Nach der Synthesephase gelangt die Zelle in die relativ kurze G_2-Phase. Hier werden die letzten Vorbereitungen für die anstehende Mitose getroffen. Analog zur G_1-Phase gibt es wieder einen wichtigen Kontrollpunkt = **G_2/M-Kontrollpunkt**. Nur wenn die DNA einwandfrei repliziert oder nach fehlerhafter Replikation in der G_2-Phase repariert wurde, wird die Mitose eingeleitet.

M-Phase
In der Mitose-Phase kommt es zur Zellteilung. Die einzelnen Stadien werden im folgenden Kapitel ausführlich besprochen.

1.7.2 Mitose
Die Mitose führt zur Ausbildung von zwei genetisch identischen Tochterzellen. Sie kann nur ablaufen, wenn vorher im Rahmen des Zellzyklus das genetische Material verdoppelt wurde. Somit liegt zu Beginn der Zellteilung (= nach der S-Phase) ein diploider (zweichromatidiger) Chromosomensatz vor:

	Chromosomensatz	DNA-Gehalt
Körperzelle	2n	2C
Körperzelle nach S-Phase	2n	4C
Tochterzellen	2n	2C

Tabelle 5: Mitose

Mitosestadien

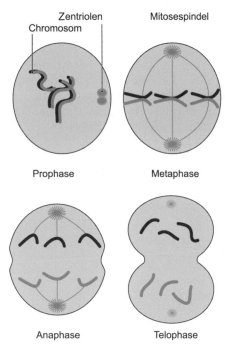

Abb. 25: Mitosestadien

Morphologisch und funktionell lässt sich die Mitose in vier Stadien einteilen:

1 Prophase
- Kondensation der Chromosomen
- Auflösung des Nucleolus und der Kernhülle

2 Metaphase
- maximale Kondensation der Chromosomen
- Anordnung der Chromosomen in der Teilungsebene/Äquatorialebene
- Ausbildung des Spindelapparats (ausgehend von den Zentriolen) zur **Trennung der Schwesterchromatiden**

3 Anaphase
- Trennung der Schwesterchromatiden
- Bewegung der Chromatiden in Richtung Spindelpole

4 Telophase
- Ausbildung neuer Kernhüllen
- Ausbildung von Nucleoli
- Entspiralisierung des genetischen Materials

Am Ende schließt die Cytokinese die Mitose ab. Dabei schnüren kontraktile Aktin- und Myosinfilamente die Zelle auf Höhe der Äquatorialebene in der Hälfte durch. Die Cytokinese fängt schon parallel zur späten Telophase an.

Endomitose
Bei der Endomitose wird **KEINE Zellteilung** durchgeführt. Der Chromosomenverdopplung folgt daher weder die Auflösung der Kernhülle noch die Spindelbildung. Somit verbleiben alle Tochterchromosomen im Mutterkern, der nun die doppelte Chromosomenanzahl enthält.

> **Übrigens...**
> Beim Menschen ist das Auftreten einer Endomitose fraglich.

Amitose
Unter Amitose versteht man die Bildung von Tochterzellen durch **Zellkerndurchschnürung**. Auch hier wird weder die Kernhülle aufgelöst, noch ein Spindelapparat gebildet. Vielmehr wird der Kern fraktioniert.

Synzytium
Synzytien (= mehrkernige Zellverbände) entstehen durch **sekundäre Zellfusion**, bei der die Zellmembranen der beteiligten Zellen miteinander verschmelzen. Dies findet z.B. an der quergestreiften Muskulatur statt und führt dazu, dass eine solche Zelle mehrere Hundert Kerne haben kann.

Exkurs: Praktische Anwendung
Stellen wir uns folgendes Gedankenexperiment vor: Würde man 1.000.000 menschliche Bindegewebszellen auf ihren DNA-Gehalt untersuchen, so würde dieser 2C sein, wenn sich **alle** Zellen in der G_1- oder G_0-Phase befänden. Das wird aber in unserem Körper kaum der Fall sein, denn die Bindegewebszellen teilen sich natürlich. Somit sind von den 1.000.000 Zellen einige in der S-Phase, andere in der G_2-Phase und wieder andere in der M-Phase.
In der S-Phase ist die DNA im Begriff verdoppelt zu werden. Der DNA-Gehalt einer Zelle in der S-Phase liegt daher zwischen 2C und 4C. Die Zellen, die die S-Phase durchlaufen haben (= G2- Phase und M-Phase) haben den doppelten DNA-Gehalt von 4C. Wird die Zellteilung mit der Cytokinese vollzogen, beträgt der DNA-Gehalt einer einzelnen Zelle wieder 2C.
Isoliert man solche Bindegewebszellen (= Fibroblasten) und lässt sie in einer Zellkultur wachsen, so kann man beobachten, dass sich die einzelnen Phasen wie in Tabelle 6 dargestellt, zeitlich wie folgt unterteilen:

Phase	Zeitdauer	Generationszyklusdauer
G_1	9-10h	
S	7h	22-24h
G_2	5-6h	
M	1h	

Tabelle 6: Zellzyklus - Phasendauer von Fibroblasten

Würde man (beispielsweise mittels eines Durchflusszytometers) den DNA-Gehalt der einzelnen Zellen bestimmen, so würde man folgendes Bild erwarten, wenn sich alle Zellen in der G_1- oder G_0-Phase befänden. So etwas kann man experimentell beispielsweise durch einen Nährmediumentzug erreichen.

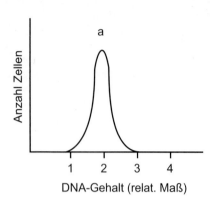

Abb. 26: Nährmittelentzug

Die mit a bezeichnete Fraktion weist einen DNA-Gehalt von 2C auf und befindet sich somit in der G_1- oder G_0-Phase.

1.7.3 Meiose

Die meiotische Teilung findet in den **Geschlechtszellen** statt. Durch die Meiose entstehen haploide (= 1n) Eizellen und Spermien. Wenn diese miteinander verschmelzen, bildet sich wieder eine diploide (= 2n) Zygote. So wird gewährleistet, dass die Körperzellen der jeweils folgenden Generation auch wieder einen diploiden Chromosomensatz haben.

	Chromosomensatz	DNA-Gehalt
Geschlechtszelle	2n	2C
Geschlechtszelle nach der letzten S-Phase	2n	4C
nach der 1. Reifeteilung	1n	2C
nach der 2. Reifeteilung	1n	1C
nach Verschmelzung (= Zygote)	2n	2C

1n = haploid = 23 Chromosomen,
2n = diploid = 46 Chromosomen, 1C = eine Chromatide

Tabelle 7: Meiose

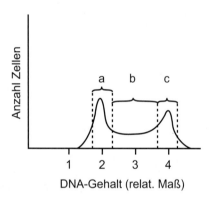

Abb. 27: Normale Kultur

Unter optimalen Bedingungen fangen die Zellen an sich zu teilen. Die a-Fraktion bezeichnet in diesem Piktogramm wieder die 2C-Fraktion. Zellen, die in der b-Fraktion liegen, weisen einen DNA-Gehalt zwischen 2C und 4C auf, somit sind sie in der S-Phase. Die c-Fraktion stellt mit dem 4C-DNA-Gehalt die G_2- und M-Phase dar.

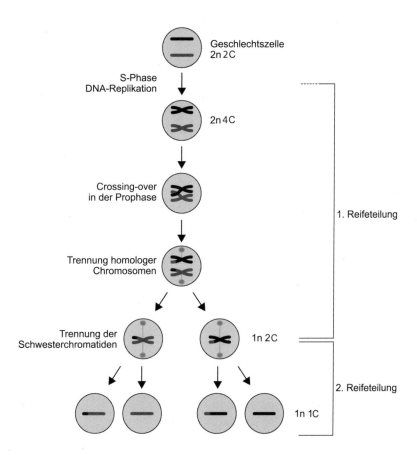

Abb. 28: Meiose

Letzte prämeiotische Interphase
Bevor die Zellen in die Meiose eintreten können, durchlaufen sie eine **S-Phase**, in der ihr genetisches Material verdoppelt wird. Auf diese Phase folgen zwei Reifeteilungen.

1. Reifeteilung (= RT)
Während der 1. RT wird der diploide Chromosomensatz getrennt und ein haploider Satz entsteht (= 1n, 2C). Merken sollte man sich besonders, dass dabei die **homologen Chromosomen** voneinander getrennt werden.
Zudem findet in der Prophase der 1. RT das Crossing-over statt. Dabei wird genetisches Material zwischen väterlichen und mütterlichen Chromosomen ausgetauscht. Lichtmikroskopisches Korrelat des Crossing-over sind die **Chiasmata**, sie treten mehrfach pro Chromosomenpaar auf. Diese Rekombination genetischer Information erhöht die genetische Vielfalt.

2. Reifeteilung

Die 2. RT schließt sich der 1. RT unmittelbar an. Es kommt daher **NICHT** zu einer weiteren S-Phase, sondern die Schwesterchromatiden werden – wie bei einer normalen Mitose – voneinander getrennt.

Spermiogenese

Die Geschlechtszelle, die beim Mann in die Meiose eintritt, nennt man **Spermatozyte 1. Ordnung**. Nach der 1. RT entstehen daraus zwei **Spermatozyten 2. Ordnung**. Daraus bilden sich bei der 2. RT dann vier **Spermatozoen** mit je 22 Autosomen und einem Gonosom (s. Chromosomen, S. 42).

Diese Spermatozoen sind aber noch lange keine fertigen Spermien sondern vielmehr kleine rundliche Zellen. Fertige Spermien **reifen** erst aus den Spermatozoen heran. Sie weisen dann einen Kopf, einen Halsteil, ein Mittelstück und einen Schwanz auf. In diesen Abschnitten befinden sich wichtige prüfungsrelevante Strukturen, die in Abbildung 30 zusammengefasst und im Text erläutert werden.

Erläuterungen:
- Das **Kernäquivalent** trägt die genetische Information (1n, 1C).
- Die **Zentriole** dient dem Spermium als Ursprungsort für sein Axonema.
- Das aus Mikrotubuli zusammengesetzte **Axonema** des Spermiums dient der Fortbewegung.
- Das **Akrosom** ist ein **Lysosomenäquivalent** und wird vom Spermium zum Öffnen der Eizelle bei der Befruchtung benötigt. Da Spermien vorwärts schwimmen, erklärt sich dem aufmerksamen Leser auch die Lokalisation am Kopfteil...
- Die **Mitochondrien** finden sich beim Spermium nur im **Mittelstück.** Bei einer Befruchtung verschmilzt lediglich der Kopfteil des Spermiums mit der Eizelle. Da somit der Mittelteil „draußen" bleibt, gelangen keine väterlichen Mitochondrien in die Eizelle. Das erklärt die **maternale Vererbung** mitochondrialer Erkrankungen (s.a. 2.3.5 im Skript Biologie 2).

Übrigens...
- Ab der Pubertät werden Spermien das gesamte Leben lang gebildet.

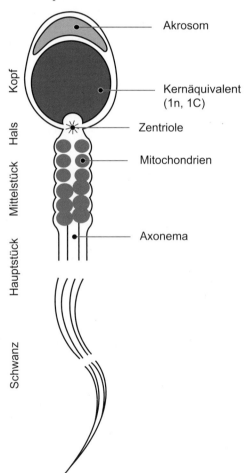

Abb. 29: Spermium

Oogenese

Bei der Frau startet die **Oozyte 1. Ordnung** die Meiose. Analog zur Spermiogenese gibt es auch **Oozyten 2. Ordnung**. Allerdings entsteht am Ende nur eine **Eizelle**, die anderen Zellen bilden sich zu degenerierten **Polkörperchen** zurück.

Beim zeitlichen Verlauf gibt es wichtige Besonderheiten:
- Die Meiose der Frau beginnt im Gegensatz zum Mann schon in der Embryonalentwicklung. Etwa ab dem 3. Entwicklungsmonat treten die Oozyten 1. Ordnung in die 1. RT ein. Diese wird jedoch nicht vollendet, sondern stoppt in der Prophase, genauer im **Diktyotän**-Stadium.
- Weiter geht es erst mit Beginn der **Pubertät**, in der dann zyklusabhängig einige Dutzend Eizellen

die Meiose fortsetzen. Erst zu diesem Zeitpunkt wird die 1. RT vollendet. Doch auch der weitere Verlauf der Oogenese gestaltet sich stockend, da die 2. RT in der Metaphase arretiert wird.
- Die 2. RT wird erst beendet, wenn ein Ei im Uterus befruchtet wurde.

Übrigens...
- Normalerweise verlässt nur ein Ei bei der Ovulation den Eierstock und wandert durch den Eileiter in Richtung Uterus.
- Ein Ei kann auch mal den falschen Weg einschlagen und in die Bauchhöhle gelangen. Dadurch kommt es mitunter zu einer Bauchhöhlenschwangerschaft.

MERKE:
Die 1. RT endet kurz vor der Ovulation, die 2. RT wird erst nach der Befruchtung vollendet.

Non-Disjunction
Unter einer Non-Disjunction versteht man die „Nichttrennung" von Chromosomen. Passiert dies während der 1. RT, werden homologe Chromosomen nicht voneinander getrennt, tritt es während der 2. RT auf, findet keine Trennung der Schwesterchromatiden statt.

Solche Chromosomenfehlverteilungen können in beiden Teilungen der Mitose und bei beiden Geschlechtern auftreten. Wissenswerte Ausnahmen gibt es bei den Geschlechtschromosomen:
- Eine Non-Disjunction von zwei X-Chromosomen kann im Regelfall in allen Teilungsstadien vorkommen, **außer während der 1. meiotischen Teilung beim Mann**. Der Grund dafür heißt xy: Bei der 1. RT werden ja die homologen Chromosomen getrennt und der Mann hat eben im Regelfall nur ein X-Chromosom und nicht wie die Frau zwei homologe X-Chromosomen.
- Eine Non-Disjunction von zwei Y-Chromosomen kann **nur bei der 2. RT und nur beim Mann** geschehen. Die Frau besitzt kein Y-Chromosom, somit gibt es bei ihr auch keine Non-Disjunction zweier Y-Chromosomen. In der 1. RT beim Mann paart sich sein Y-Chromosom mit dem X-Chromosom. Da hier nur ein Y-Chromosom vorhanden ist, kann es zu diesem Zeitpunkt auch keine Y-Non-Disjunction geben. Diese Fehlverteilung ist erst während der 2. RT möglich, bei der die Schwesterchromatiden des Y-Chromosoms voneinander getrennt werden.

MERKE:
- Bei Männern gibt es KEINE Non-Disjunction von zwei X-Chromosomen während der 1. RT.
- Eine Non-Disjunction von zwei Y-Chromosomen gibt es nur beim Mann und nur während der 2. RT.

Übrigens...
Non-Disjunction tritt in den Keimzellen von Frauen häufiger auf als in den Keimzellen von Männern. Grund: Zwischen dem Beginn und dem Ende der 1. Reifeteilung bei der Frau können 40 Jahre liegen. In dieser Zeit ist die Oozyte vielen Umwelteinflüssen ausgesetzt, wodurch das Risiko einer Non-Disjunction steigt.

1.7.4 Stammzellen
Nun noch ein paar wichtige Worte zu den Stammzellen und ihren besonderen Eigenschaften: Stammzellen sind lebenslang teilungsfähig (= unsterblich) und besitzen die Fähigkeit zur **differenziellen Zellteilung**. Darunter versteht man folgendes Teilungsverhalten: Bei einer differenziellen Zellteilung entstehen aus einer Stammzelle eine neue Stammzelle und eine Zelle, die sich weiter differenziert. Somit wird gewährleistet, dass die Stammzellpopulation nicht abnimmt, trotzdem aber immer neue Zellen in den Differenzierungspool kommen. Ein wichtiges Beispiel hierfür sind die Stammzellen der Haut im Stratum basale.

Übrigens...
Den Zusammenschluss von Stammzellen in einem Epithel nennt man Blastem.

1.8 Adaptation von Zellen an Umwelteinflüsse
Je nachdem, welchen Umwelteinflüssen Zellen ausgesetzt sind, werden sie unterschiedlich reagieren: Bei starker Beanspruchung beginnen sie reaktiv zu wachsen, um mehr leisten zu können, bei Unterforderung können sie schrumpfen.

Für das Physikum und auch das spätere Leben als Mediziner sollte man unbedingt folgende Definitionen parat haben:
- **Hypertrophie** = Volumenzunahme durch funktionelle Zellschwellung, Beispiel: Bodybuilding.

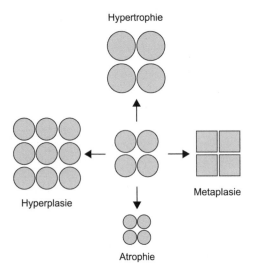

Abb. 30: Hypertrophie, Atrophie, Hyperplasie, Metaplasie

- **Atrophie** = Das Gegenteil der Hypertrophie, also eine Volumenabnahme der Zellen, Beispiel: Muskelabnahme bei schlaffer Lähmung oder nach einer langen Lernphase, bei der man die meiste Zeit sitzend am Schreibtisch und liegend im Bett zugebracht hat...
- **Hyperplasie** = Volumenzunahme durch Vermehrung der Zellzahl, Beispiel: Uterus während der Schwangerschaft.
- **Metaplasie** = Umdifferenzierung von Gewebe, Beispiele: Bei einem Raucher kann sich das respiratorische Epithel in den Bronchien zu einem Plattenepithel umwandeln, bei chronischem Sodbrennen kann im unteren Ösophagus Magenschleimhaut gebildet werden (= Barett-Metaplasie).

1.9 Zelltod
Und nun kommen wir zellbiologisch zum Ende – mit den verschiedenen Arten des Zelltods...

1.9.1 Apoptose
Unter Apoptose versteht man den programmierten, natürlichen Zelltod **OHNE** das Auftreten einer Entzündungsreaktion. Diese Form des Zelltods unterliegt der genetischen Kontrolle und wird durch Caspasen (s. 1.5.1, S. 14) vermittelt. Als prüfungsrelevantes Beispiel sollte man sich die Embryogenese merken, bei der die Zellen, die ihre Funktion erfüllt haben und damit überflüssig sind, durch Apoptose beseitigt werden.

1.9.2 Nekrose
Im Gegensatz zur Apoptose gehen die Zellen bei einer Nekrose durch irreversible Schädigung zugrunde. Auslöser dieser Schäden können sowohl endogene (z.B. Ischämie) als auch exogene (z.B. Toxine) Noxen (= schädliche Substanzen) sein. Die **morphologischen Zeichen** einer Nekrose sind:
- **Karyorrhexis** = Fragmentierung des Zellkerns,
- **Kernpyknose** = Verdichtung des Zellkerns,
- **Karyolyse** = Auflösung des Zellkerns und
- **Ruptur** = Platzen der Zellen und dadurch ausgelöste Entzündungen.

MERKE:
Nekrose geht immer mit einer Entzündung einher.

DAS BRINGT PUNKTE

Zum Thema Zellzyklus sollte man folgendes Wissen parat haben:
- Zellen, die sich vermehren, durchlaufen einen Zellzyklus $G_1 \rightarrow S \rightarrow G_2 \rightarrow M$. Ein Zellzyklus kann je nach Zellart unterschiedlich lange dauern.
- Die Phasen G_1, S und G_2 bezeichnet man auch als Interphase.
- Die G_1-Phase ist eine Wachstumsphase, die durch eine hohe Protein- und RNA-Syntheserate gekennzeichnet ist.
- In der S-Phase wird die DNA verdoppelt.
- Die G_2-Phase entspricht einer Kontrollphase. Es werden die letzten Vorbereitungen für die anstehende Mitose getroffen.
- In der M–Phase findet die Zellteilung statt.

Wie bereits erwähnt, sind die mitotische und meiotische Zellteilung absolute Dauerbrenner in den schriftlichen Fragen. Besonders gut einprägen sollte man sich folgende Sachverhalte:
- Die Mitose dient der Produktion von zwei genetisch identischen Tochterzellen.
- Die vier verschiedenen Mitosestadien (s. Basics fürs Mündliche).
- Bei der ersten meiotischen Teilung werden die homologen Chromosomen getrennt.
- Bei der zweiten meiotischen Teilung werden die Schwesterchromatiden getrennt.
- Das Crossing-over findet in der Prophase der ersten meiotischen Reifeteilung (RT) statt.
- Bei Männern tritt KEINE Non-Disjunction von zwei X-Chromosomen während der 1. RT auf.
- Eine Non-Disjunction von zwei Y-Chromosomen ist nur während der 2. RT beim Mann möglich.

Bei den Abschnitten Adaptation und Zelltod sollte man sich Folgendes unbedingt merken:
- Die verschiedenen Adaptationsarten (s. Basics fürs Mündliche).
- Apoptose ist ein genetisch gesteuerter Zelltod ohne Entzündungsreaktion.
- Die Apoptose wird über Caspasen vermittelt.
- Die Nekrose wird durch endogene oder exogene Schadstoffe hervorgerufen. Im Gegensatz zur Apoptose löst sie eine Entzündungsreaktion aus.

BASICS MÜNDLICHE

Charakterisieren Sie bitte die Mitosestadien.
Morphologisch, aber auch funktionell lässt sich die Mitose in vier Stadien einteilen:
1. Prophase: Hier kondensieren die Chromosomen und es kommt zur Auflösung des Nucleolus und der Kernhülle.
2. Metaphase: Das genetische Material ist nun maximal verdichtet (= kondensiert). Die Chromosomen ordnen sich in der Äquatorialebene an. An den Zentromeren greifen die Spindelfasern (aus Mikrotubuli) an.
3. Anaphase: Durch den Spindelapparat werden die Schwesterchromatiden getrennt und bewegen sich in Richtung der Spindelpole.
4. Telophase: In dieser letzten Phase bilden sich die Kernhüllen und auch Nucleoli wieder aus. Das genetische Material wird entspiralisiert. Zuletzt wird der Zellleib in zwei Tochterzellen geteilt, diesen Vorgang nennt man auch Cytokinese.

Nennen Sie bitte verschiedene Möglichkeiten, wie eine Zelle auf unterschiedliche Umwelteinflüsse reagieren kann.
- Atrophie = Schrumpfen der Zelle bei fehlender Belastung (z.B. Bürohengst),
- Hypertrophie = Volumenzunahme einer Zelle bei stärkerer Belastung (z.B. Gewichte stemmen),
- Hyperplasie = Volumenzunahme eines Gewebes durch Vermehrung der Zellzahl (z.B. Uterus während der Schwangerschaft) und
- Metaplasie = Umdifferenzierung eines Gewebes in ein anderes. (z.B. Epithel bei Rauchern).

SCHIEBT DOCH ZUR ABWECHSLUNG MAL NEN PAUSENZYKLUS EIN...

2 Genetik

Im zweiten Kapitel dieses Skripts stellen wir zunächst die Organisation der Nucleinsäuren vor und gehen anschließend näher auf die Chromosomen und deren Fehlverteilungen ein. In Biologie 2 geht es dann mit den Mendel-Gesetzen, der Vererbungslehre und weiteren hoch interessanten - weil gern gefragten - Themen weiter.

2.1 Organisation eukaryontischer Gene

Hinter diesem Ausdruck versteckt sich eine Analyse der menschlichen Nucleinsäuren und wichtiger Grundlagen der Speicherung, Verdopplung und Ablesung der genetischen Information.

2.1.1 Übersicht

Die genetische Information ist in Form von DNA gespeichert und wird über den Weg der Transkription und Translation in Proteine übersetzt.

Speicherung	als DNA
Replikation	DNA-Verdopplung
Transkription	Abschreiben der DNA-Info in hnRNA
mRNA-Reifung	hnRNA wird zu mRNA
Translation	Übersetzung der Info auf der mRNA in eine Aminosäuresequenz

Tabelle 8: Grundlagen/Begriffe zur genetischen Information

Bevor wir uns den einzelnen Schritten näher zuwenden, stellen die folgenden Abschnitte zunächst die Struktur der DNA und RNA vor.

2.1.2 Struktur der DNA

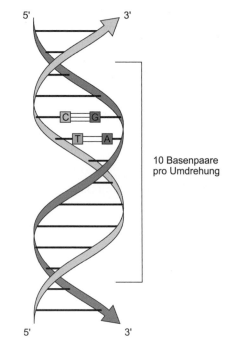

Abb. 32: DNA-Doppelhelix

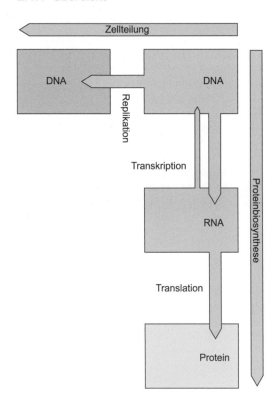

Abb. 31: Fluss der genetischen Information

Die DNA (= Desoxyribonucleic Acid, Desoxyribonucleinsäure) befindet sich im Zellkern und in den Mitochondrien. Sie besteht aus **Nucleotiden** = Bausteinen, die selbst aus je einem C5-Zucker (= 2´-Desoxyribose), Phosphat und einer Base zusammengesetzt sind. Diese Nucleotide polymerisieren zu einem langen Molekülstrang.

Zwei solcher Stränge lagern sich nun mit gegenläufiger Polarität zu einem Doppelstrang zusammen und bilden so die **DNA-Doppelhelix**. Nach ca. 10 Basenpaarungen erreicht man eine volle Umdrehung der DNA, denn jede Base ist im Verhältnis zur Nachbarbase um ca. 35 Grad gedreht. Dabei ist die zelluläre DNA **rechtsgängig** und die Basen sind senkrecht zueinander orientiert (s. Abb. 32).

Diese Zusammenlagerung der Basen ist nur möglich, weil sich zwischen den Molekülsträngen die komplementären (= zusammenpassenden) Basen paaren, d.h. sich durch Wasserstoffbrückenbindungen aneinander heften. Die Wasserstoffbrücken lassen sich auch wieder lösen, sind also reversibel. Dies ist eine ihrer wichtigen Eigenschaften, denn sowohl zur Replikation als auch zur Transkription müssen die beiden Stränge voneinander getrennt werden.

Insgesamt kommen vier Basen im Bauplan der DNA vor:
- die Purinbasen **Adenin** (= A) und **Guanin** (= G) sowie
- die Pyrimidinbasen **Cytosin** (= C) und **Thymin** (=T).

Aus sterischen Gründen paart sich immer eine Pyrimidin- mit einer Purinbase. Dabei bilden sich zwischen Adenin und Thymin zwei, zwischen Cytosin und Guanin drei Wasserstoffbindungen aus. Die unterschiedliche Anzahl der Bindungen könnte eine Erklärung dafür sein, warum AT-reiche Regionen in der DNA weniger stabil sind als CG-reiche Abschnitte, und sich dort die Stränge auch leichter voneinander lösen (s. Transkription, S. 38).

MERKE:
A=T, C≡G

Übrigens...
Purine und Pyrimidine sind aromatische Heterozyklen, von denen sich die DNA-Basen ableiten.

Im menschlichen Genom gibt es wesentlich mehr Material als auf den ersten Blick nötig erscheint:
- Es gibt **repetitive DNA**, die aus oft wiederholten, fast identischen Abschnitten besteht. Man findet sie z.B. im Bereich des Zentromers. Die Funktion dieser repetitiven Sequenzen ist noch nicht bekannt und kann dementsprechend auch nicht gefragt werden...
- **Introns** sind Gensequenzen innerhalb eines Gens, die zwar transkribiert aber nicht mehr translatiert werden, da sie vorher mittels Spleißen entfernt wurden. So gesehen sind auch Introns „überflüssige DNA". Bakterien kommen z.B. ohne Introns aus.
- Außerdem gibt es **redundante Gene**, wobei mit **Redundanz** das Vorliegen mehrerer Genkopien gemeint ist. Diese Redundanz findet sich z.B. bei den Genen für rRNA oder Histone, die meist vielfach vorliegen, weil sie oft gebraucht werden.

2.1.3 Genetischer Code

Für die Übersetzung der Nucleinsäuresequenz in eine Proteinsequenz gibt es den genetischen Code. Er stellt sozusagen das Wörterbuch für die Übersetzung dar.

Die proteinogenen Aminosäuren werden jeweils über eine Dreiersequenz der vier Basen codiert. So eine Dreiersequenz (z.B. GAA) nennt man Triplett oder **Codon**.

Rein rechnerisch gibt es 4^3 (= 64) Möglichkeiten aus vier Basen ein Triplett zu formen. Da es aber nur 20 proteinogene Aminosäuren gibt, codieren meist mehrere verschiedene Codons für eine bestimmte Aminosäure. Bildlich erklärt: Da es 64 Wörter gibt, aber nur 20 Aussagen, haben einige Wörter die gleiche Aussage. Dieses Phänomen nennt man die **Degeneration** des genetischen Codes.

Für das Ablesen des genetischen Codes kann man eine Code-Sonne benutzen. Da solche Sonnen auch im schriftlichen Examen immer wieder auftauchen, lohnt es sich die „Bedienungsanleitung" zu kennen:

Genetik

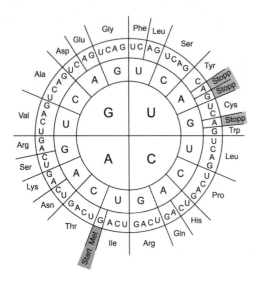

Abb. 33: Code-Sonne

Für das Ablesen einer Code-Sonne gibt es zwei verschiedene Möglichkeiten: Man kann einem bestimmten Code eine Aminosäure zuweisen oder von einer Aminosäure ausgehen und herausfinden, welche Codons für sie codieren. Hierzu noch zwei Beispiele:
- Man liest das Schema von innen nach außen und erfährt, dass das schon oben als Beispiel genannte Codon GAA für Glutamat codiert, das Codon GAC hingegen für Aspartat steht, usw.
- Es lässt sich auch erfahren, welche Codons für eine bestimmte Aminosäure stehen: Für Prolin codieren z.B. die Codons CCG, CCA, CCC und CCT. Wichtig ist, dass man die Code-Sonne immer von innen nach außen liest.

Daneben gibt es auch Codons, die **nicht** für eine Aminosäure codieren. Das sind zum einen die **Stoppcodons** = UAA, UAG und UGA, an denen die Translation abgebrochen wird und zum anderen das **Startcodon** AUG, mit dem die Translation anfängt. AUG codiert für Methionin. Das bedeutet allerdings nicht, dass jedes Protein mit der Aminosäure Methionin anfängt, da die primäre Aminosäuresequenz ja noch posttranslational verändert werden kann (s. 2.1.8, S. 39).

MERKE:
AUf Geht´s

Übrigens...
Der genetische Code ist fast universell. Das heißt, er ist für die meisten Lebewesen identisch. Zu beachten ist allerdings, dass der mitochondriale Code etwas vom nukleären Code abweicht (s. Mitochondrium 1.6.1, S. 14).

2.1.4 Struktur der RNA
Die RNA ist wie die DNA aus Nucleotiden aufgebaut. Es gibt jedoch einige wichtige Unterschiede:
- die RNA hat einen anderen Zucker = C_5-**Ribose**,
- anstelle von Thymin steht in der RNA die Base **Uracil**,
- die RNA liegt **einsträngig** vor und kann keine Doppelhelix ausbilden. Trotzdem gibt es Basenpaarungen, wodurch z.B. die **Kleeblattstruktur** der tRNA entsteht.

Übrigens...
In der RNA gibt es eine Reihe modifizierter, ungewöhnlicher Basen (z.B. Dehydroxy-Uridin). Solche Basen können keine komplementären Partner finden – das ist der Grund für die überwiegende Einsträngigkeit der RNA.

MERKE:
- nucleäre DNA: doppelsträngig,
- mitochondriale DNA: doppelsträngig,
- RNA: einsträngig

RNA findet sich in verschiedenen Funktionszuständen in der Zelle. Tabelle 8 gibt einen Überblick über die unterschiedlichen prüfungsrelevanten Arten:

hnRNA [= heterogene nucleäre RNA]	Primäres Produkt bei der Transkription. Wird durch Reifung in die mRNA überführt.
mRNA [= messenger RNA]	Dient als Vorlage bei der Translation, also der Proteinbiosynthese an den Ribosomen. Entsteht aus hnRNA durch Spleißen (s. 2.1.6, S. 38).
tRNA [= transfer RNA]	Eine tRNA bindet ihre aktivierte Aminosäure und lotst diese zu einem Ribosom, wo die AS in die Polypeptidkette eingebaut wird (s. 2.1.7, S. 39).
rRNA [= ribosomale RNA]	Ribosomale RNA ist ein Strukturelement der Ribosomen (s. 1.6.3, S. 17).
snRNA [= small nuclear RNA]	Dient bei der Reifung der mRNA dem Herausspleißen der Introns. Ist Bestandteil des Spleißosoms (s. Transkription, S. 38).
scRNA [= small cytoplasmic RNA]	scRNA findet man als Bestandteil des SRPs (s. 1.6.3, S. 17).

Tabelle 9: RNA-Arten

2.1.5 Replikation

Die Replikation der DNA erfolgt im Zellkern während der S-Phase des Zellzyklus (s. 1.7.1, S. 25). Sie dient der Vorbereitung der Zelle auf die Zellteilung, denn ohne verdoppeltes genetisches Material kann die Zelle ja nicht in die Mitose eintreten.

Wie läuft nun diese Replikation ab? Zunächst wird dabei die doppelsträngige DNA durch das Enzym **Helikase** entspiralisiert. Dadurch entsteht eine Replikationsgabel. Die einzelnen Stränge werden jetzt durch DNA-Bindeproteine stabilisiert, damit sie für eine Weile voneinander getrennt bleiben, und die DNA in Ruhe abgelesen und synthetisiert werden kann. Da die Synthese der DNA durch die DNA-Polymerase immer nur in **5´-3´-Richtung** erfolgt, wird nur ein Strang (= der Führungsstrang oder Leitstrang) kontinuierlich synthetisiert. Hierfür wird EIN einziger **Primer** als Startermolekül benötigt.

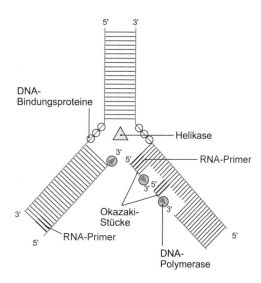

Abb. 34: Replikation

Die Synthese des anderen Strangs (= Folgestrang) erfolgt nur stückchenweise. Hierfür werden zahlreiche **RNA-Primer** synthetisiert, die als Startermolekül an den Folgestrang binden. Nun wird auch hier mit einer DNA-Polymerase DNA synthetisiert, allerdings immer nur stückchenweise, wodurch die **Okazaki Fragmente** entstehen. Am Ende werden die Primer durch eine Exonuclease entfernt, das fehlende Stück durch eine weitere DNA-Polymerase aufgefüllt und schließlich mit Hilfe einer DNA-Ligase mit dem Rest verbunden.

Übrigens...
Die Replikation der DNA erfolgt **semikonservativ**. Das bedeutet, dass je ein Strang der alten DNA in den beiden neuen Doppelhelices zu finden ist. Der andere Strang ist der komplett neu synthetisierte.

Exzisionsreparatur
Läuft bei der Replikation etwas schief, so kann der Schaden, sofern er nur einen Strang betrifft, mittels einer **Exzisionsreparatur** behoben werden. Dabei wird zunächst der geschädigte Abschnitt eines Strangs durch eine Exzisionsexonuclease entfernt. Der fehlende Abschnitt wird durch eine DNA-Polymerase resynthetisiert, und eine Ligase verbindet die freien Enden.

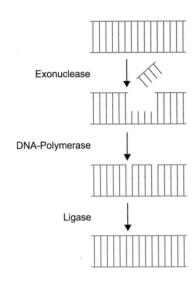

Abb. 35: Exzisionsreparatur

Übrigens...
Auf ähnliche Weise werden Thymin-Dimere, die (z.B. unter UV-Exposition) eine kovalente Verbindung eingegangen sind, aus der DNA entfernt.

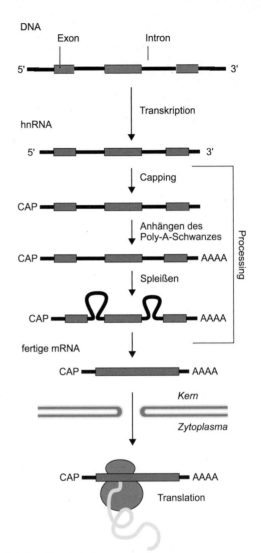

Abb. 36: Transkription

2.1.6 Transkription
Bei der Transkription wird die DNA abgelesen und es entsteht hnRNA. Diese hnRNA hat somit die komplementäre Basenstruktur der DNA – mit einem kleinen, aber wichtigen Unterschied: In die hnRNA wird anstatt Thymin die Base Uracil eingebaut.

Für den Beginn einer Transkription wird auf der DNA eine **Promotorregion** gebraucht, das Ende ist durch eine **Terminatorregion** festgelegt.
Was passiert jetzt genau bei einer Transkription? Zunächst bindet eine **DNA-abhängige RNA-Polymerase** an eine Promotorregion. Dort wird – vermittelt durch eine Reihe von Transkriptionsfaktoren – die Synthese gestartet. Die entstehende hnRNA-Kette wächst dabei in **5´-3´-Richtung**, solange bis die Terminatorregion erreicht ist und die Synthese endet.

Reifung der mRNA

Die entstandene hnRNA wird sofort posttranskriptional verändert – übrigens ein sehr beliebtes Prüfungsthema im Examen. Dabei wird zunächst an das 5´-Ende ein methyliertes GTP gehängt. Diesen Vorgang nennt man Capping. Er dient der Stabilisierung und dem Schutz der RNA. Das **Capping** geschieht übrigens noch während der laufenden Transkription, da das 5´-Ende ja zuerst synthetisiert wird. An das 3´-Ende wird eine **Poly-A-Sequenz** (= Adenin, Adenin...) gehängt. Sie dient ebenfalls dem Schutz vor enzymatischem Abbau.

Aus der so modifizierten RNA werden jetzt noch die Introns (= nichtcodierende Abschnitte) herausgeschnitten und die übrig bleibenden Exons aneinandergefügt. Diesen Vorgang nennt man **spleißen**. Er erfolgt durch Spleißosomen. Das sind kleine Partikel, die aus Proteinen und snRNA (= small nuclear RNA) bestehen. Die reife mRNA ist also kürzer als das Primärtranskript, da die Introns entfernt wurden.

MERKE:
Capping (5´), Poly-Adenylierung (3´) und spleißen bezeichnet man als Processing.

Folgende Abbildung zeigt den gern geprüften Zusammenhang zwischen der DNA und einer fertigen mRNA.

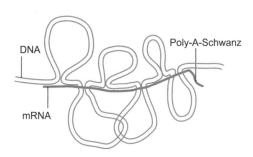

Abb. 37: DNA/mRNA

Hier wurde eine fertige mRNA in vitro (= im Reagenzglas) mit der DNA des entsprechenden Gens zusammengebracht. In der Folge entstanden dort Basenpaarungen (= Hybridisierungen), wo sich die Basensequenzen zueinander komplementär verhalten.

Die Stellen des Gens, die den Exons entsprechen, lagern sich bei einem solchen Experiment an die entsprechenden Stellen der mRNA an. Die anderen, schleifenförmigen Abschnitte entsprechen den Introns, die sich nicht mit der mRNA paaren können, da diese Abschnitte hier ja fehlen. Auf Abbildung 38 befinden sich also sechs Introns (= Schleifen) und sieben Exons (= gepaarte Abschnitte).

2.1.7 Translation

Im Zuge der Translation wird die in der Basensequenz der mRNA gespeicherte Information in ein Protein übersetzt. Diese Übersetzung geschieht an Ribosomen, deren zwei Untereinheiten sich an einem Strang mRNA zusammenlagern, (s. Abb. 38, S. 40).

Zum Ablauf: Zunächst wird eine aktivierte Aminosäure auf ihre passende tRNA übertragen. Die tRNA besitzt auf der gegenüberliegenden Seite ein **Anticodon**, das zu einem **Codon** auf der mRNA komplementär ist. Nur wenn Codon und Anticodon zusammenpassen, kann die tRNA am Ribosom binden, und die spezifische Aminosäure, die sich an ihrem anderen Ende befindet, wird in die Polypeptidkette eingebaut. Ist dies geschehen, rückt das Ribosom drei Basen weiter und die nächste tRNA kann binden.

Bei Erreichen eines Stoppcodons hört die Translation auf = das Ribosom dissoziiert von der mRNA ab und die primäre Polypeptidkette ist fertig.

2.1.8 Posttranslationale Modifikation

Nach der Synthese einer primären Aminosäurekette wird diese noch vielfältig verändert, um ihren spezifischen Funktionen als fertiges Protein gerecht zu werden.

Folgende Mechanismen werden vorwiegend genutzt:
- **limitierte Proteolyse** (z.B. Abspaltung der Signalsequenz, s. 1.6.3, S. 17),
- **N-Glykosylierung** und **O-Glykosylierung** (= Zuckermodifikation an einem Stickstoffatom [N] oder Sauerstoffatom [O]),

- Ausbildung von Disulfidbrücken (z.B. beim Insulinmolekül),
- **Phosphorylierung** und **Sulfatierung**,
- **Hydroxylierung** und **Carboxylierung**,
- Ausbildung einer **dreidimensionalen Struktur** (= Faltung).

MERKE:
Die N-Glykosylierung findet meist im rER statt, die O-Glykosylierung im Golgi-Apparat.

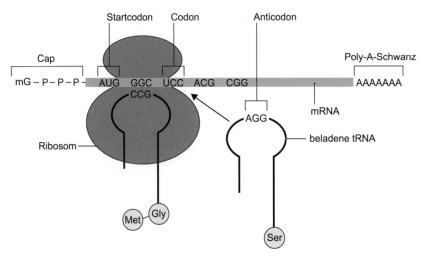

P= Phosphat

Abb. 38: Translation

DAS BRINGT PUNKTE

Das Thema Genetik ist ein ziemlich großes Teilgebiet der Biologie. Dementsprechend gibt es auch sehr viele Fragen hierzu. Zu den oft gefragten **Nucleinsäuren** sollte man sich auf jeden Fall merken, dass

- es in der DNA die Purinbasen Adenin (= A) und Guanin (= G) sowie die Pyrimidinbasen Cytosin (= C) und Thymin (= T) gibt,
- für die Basenpaarungen A=T und C≡G gilt,
- die RNA die Base Uracil anstatt der Base Thymin beinhaltet.

Zur **Replikation** wurde immer wieder gefragt, dass

- die Synthese der DNA immer nur in 5´-3´-Richtung vonstatten geht und dabei nur ein Strang (= der Führungsstrang/Leitstrang) kontinuierlich synthetisiert wird,
- der Folgestrang diskontinuierlich hergestellt wird,
- die DNA semikonservativ repliziert wird.

Für die Translation ist besonders wissenswert, dass

- die Reifung der mRNA sich aus drei Schritten zusammensetzt: Capping, Poly-Adenylierung und Spleißen,
- das Capping am 5´- Ende und die Poly-Adenylierung am 3´- Ende der RNA stattfinden,
- bei der Translation die Basensequenz der mRNA in ein Protein übersetzt wird,
- die Translation an den Ribosomen stattfindet; dabei werden mit Aminosäuren beladene tRNAs benutzt, die passgenau an der mRNA ansetzen können, wenn sie über das entsprechende Anticodon verfügen,
- beim Erreichen eines der drei Stoppcodons die Translation endet,
- zu den posttranslationalen Veränderungen u.a. die limitierte Proteolyse, die N- und O-Glykosylierung, die Phosphorylierung und die Sulfatierung gehören. Für den Beginn einer Transkription wird auf der DNA eine **Promotorregion** gebraucht, das Ende wird durch eine Terminatorregion definiert.

BASICS MÜNDLICHE

Wie sieht der Informationsfluss von der genetischen Information bis zum Protein aus?
Die genetische Information wird in Form von DNA gespeichert. Die DNA wird transkribiert, es entsteht hnRNA. Diese reift durch Capping, Poly-Adenylierung und Spleißen zur mRNA. Diese wird an den Ribosomen in eine Aminosäuresequenz übersetzt. Zum Schluss kommt es noch zu posttranslationalen Modifikationen, z.B. zur Glykosylierung und/oder zur Phosphorylierung.

Welche unterschiedlichen Arten der RNA kennen Sie?
Die hnRNA (= heterogene nucleäre RNA) entsteht als primäres Transkriptionsprodukt. Daraus entsteht die mRNA (= messenger-RNA) durch Reifung. tRNA (= transfer-RNA) wird für die Proteinsynthese gebraucht. Diese RNA bringt aktivierte Aminosäuren zum Ribosom, die dann zu einer Kette verbunden werden. Ribosomen bestehen selbst auch aus RNA, der rRNA (= ribosomale RNA). Dann gibt es noch snRNA (= small nuclear RNA), die Bestandteil des Spleißosoms ist, und die scRNA (= small cytoplasmic RNA), die Bestandteil des SRPs (= Signal Recognition Particle) ist (s.a. Tabelle 8, S. 34).

Was macht man mit einer Code-Sonne?
Mit einer Code-Sonne kann man den genetischen Code ablesen. Das geht in zwei Richtungen: Man kann von einer Nucleotidsequenz auf eine Aminosäure(sequenz) schließen, aber auch von einer Aminosäure(sequenz) auf die zugrunde liegende Nucleotidsequenz.

2.2 Chromosomen

Wir haben bisher den Aufbau der menschlichen Nucleinsäuren und den Weg von **einem** Gen bis hin zu **einem** fertigen Protein besprochen. Nun wenden wir uns den menschlichen Chromosomen zu und bekommen so einen globalen Überblick über das menschliche Genom. Die DNA liegt zusammen mit zahlreichen Proteinen in Form von 46 Chromosomen vor. Mit anderen Worten: wir Menschen haben ein in 46 Teilstücken organisiertes Genom. Hierbei unterscheidet man die **Gonosomen** (=Geschlechtschromosomen) von den **Autosomen** (= alle Chromosomen außer den Geschlechtschromosomen). Gonosomen sind das X-Chromosom und das Y-Chromosom, die für den kleinen Unterschied zwischen Frauen (= XX) und Männern (= XY) verantwortlich sind.

MERKE:
Menschen haben 44 Autosomen und 2 Gonosomen.

Abbildung 40 zeigt den ultrastrukturellen Aufbau eines Chromosoms.

Im Zellkern liegt die DNA nicht allein vor, sondern als Komplex mit RNA und Proteinen. Solche Komplexe bezeichnet man auch als **Chromatin**. Bei den assoziierten Proteinen unterscheidet man **Histone** und **Nichthistone**. Nichthistone sind z.B. die Strukturproteine des Zellkerns und Enzyme. Da sie bislang immer wieder gern geprüft wurden, stellen wir nun die wissenswerten Fakten zu den Histonproteinen vor:

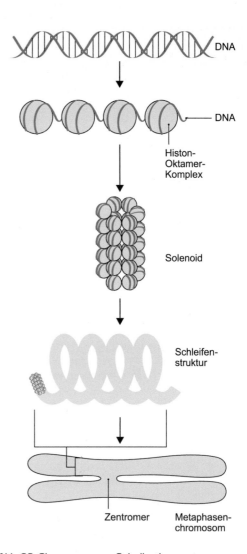

Abb. 39: Chromosomen – Spiralisation

- Bei den Histonen unterscheidet man die Untertypen H1, H2A, H2B, H3 und H4.
- Acht Histonproteine bilden mit der DNA ein Nucleosom (s. Abb. 40). Dabei ist die DNA ca. 1 ¾ mal um den oktameren Histonkomplex gewunden.
- Ein Nucleosom beinhaltet je zwei Untertypen H2A, H2B, H3 und H4 (= nach Adam Riese: 8 Histone).
- Der H1-Typ kommt zwischen den einzelnen Nucleosomen vor und stabilisiert dort die DNA, die die Nucleosomen verbindet (= Linker-DNA, s. Abb. 40).

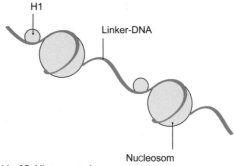

Abb. 40: Histonproteine

Chromosomen

Der auf die Nucleosomen folgende nächst höhere DNA-Kondensationsgrad ist das Solenoid. In dieser Form liegt das Chromatin während der Interphase (s. 1.7.1, S. 25) vor. So kann es lokal entspiralisiert und abgelesen werden. Während der Mitose (s. 1.7.2, S. 26) wird das Chromatin dagegen maximal kondensiert: Es bilden sich **Schleifen und Minibanden**, wodurch die **Chromosomen** entstehen.

MERKE:
Histone werden wie alle zellulären Proteine im Zytosol an freien Ribosomen synthetisiert.

Übrigens...
In der Interphase liegt das Chromatin als relativ locker gepacktes aktives **Euchromatin** oder stärker spiralisiertes passives Heterochromatin vor (s. Zellkern, S. 13).

Betrachten wir nun die Morphologie der Chromosomen etwas genauer. Geübte Genetiker können mit einem Blick verschiedene Chromosomen erkennen und zuordnen. Von den Medizinstudenten wird das (bisher) glücklicherweise noch nicht erwartet, prüfungsrelevant sind aber die allgemeinen Strukturmerkmale, nach denen die Chromosomen klassifiziert werden können:

Lage des Zentromers	akrozentrisch, submetazentrisch, metazentrisch
Armlänge	den kurzen Arm nennt man p-Arm, den langen q-Arm
Giemsa-Bandenmuster, Fluoreszenzmuster	spezifische Erkennungsmerkmale der einzelnen Chromosomen (nicht eingezeichnet); sehr stark spiralisierte Bereiche färben sich dunkler

Tabelle 10: Chromosomen-Morphologie

Neben diesen klassifikatorischen Merkmalen gibt es noch einige wichtige Regionen an den Chromosomen, die man kennen sollte:

Zentromer	Ansatzstelle am Chromosom für die Spindelfasern
Kinetochor	Multienzymkomplex am Zentromer; dient der Verankerung von Mikrotubuli, aus denen die Mitosespindel besteht
Telomer	spezifische DNA-Sequenzen an den Chromosomenenden; diese Sequenzen tragen KEINE genetische Information

Tabelle 11: Wichtige Chromosomenregionen

Auch ein paar allgemeine Fakten zur Größe und **Gendichte** (= definiert als Gene pro Millionen Basenpaare) sollte man sich zu bestimmten Chromosomen merken:

Chromosom 1	Das größte menschliche Chromosom mit knapp 250 Millionen Basenpaaren.
Chromosom 19	Das Chromosom mit der größten Gendichte.
Chromosom Y	Das kleinste Chromosom. Gleichzeitig weist es die geringste Gendichte auf.

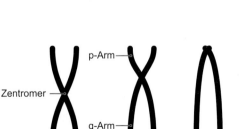

Abb. 41: Chromosomen – Morphologie

Tabelle 12: Größe und Gendichte ausgewählter Chromosomen

2.2.1 Karyogrammanalyse

Die Karyogrammanalyse wird standardmäßig mit den **Lymphozyten** des Blutes durchgeführt. Bei der pränatalen Diagnostik werden hierfür Amnionzellen verwendet. Eine Analyse ist aber auch mit Knochenmarkszellen und Bindegewebszellen möglich.

Zur Durchführung: Chromosomen kann man untersuchen, wenn man sie in der Metaphase der Mitose arretiert. Hier liegen die Chromosomen maximal kondensiert vor und man kann sie somit gut beurteilen. Zum Arretieren (= Stoppen) benutzt man das Pflanzengift **Colchizin**. Dieses lagert sich den Tubulinen an, die so nicht mehr zu Mikrotubuli polymerisieren können. Ohne Mikrotubuli kann jedoch der Spindelapparat nicht ausgebildet werden, und die Trennung der Schwesterchromatiden unterbleibt (s. Mikrotubuli, S. 9).

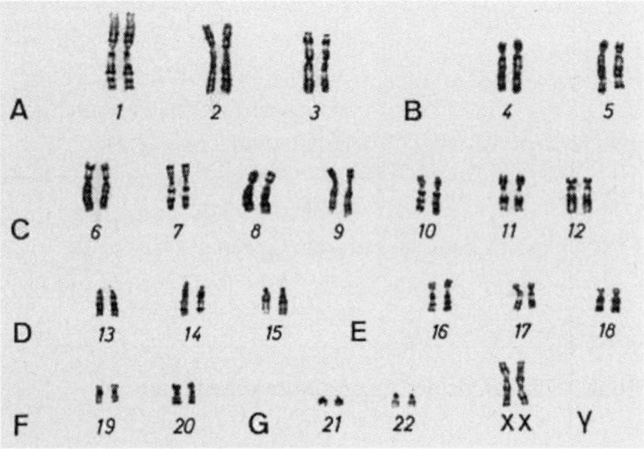

Hier ist ein normaler weiblicher Karyotyp (46, XX) zu sehen. Es gibt insgesamt regelrecht 44 Autosomen und 2 Gonosomen.

Abb. 42: Normaler Karyotyp

Übrigens...
Man unterteilt die Chromosomen in sieben Hauptgruppen mit den Buchstaben A bis G. Das X-Chromosom gehört zur G-Gruppe, das Y-Chromosom zur G-Gruppe.

2.2.2 Chromosomenaberrationen

Man unterscheidet numerische und strukturelle Chromosomenaberrationen. Da diese Störungen immer wieder gerne geprüft werden, lohnt sich auch hier der Lernaufwand.

Übrigens...
Mit Hilfe einer Karyogrammanalyse lassen sich **einige** (nicht alle...) Chromosomenaberrationen feststellen.

Numerische Chromosomenaberrationen

Unter einer numerischen Aberration versteht man eine Fehlverteilung von Chromosomen. Eine **Monosomie** bedeutet, dass ein Chromosom nur einmal vorhanden ist, bei einer **Trisomie** ist es dagegen ein Mal zuviel, also dreimal, vorhanden.

Solch eine Abweichung vom normalen (= euploiden) Chromsomensatz kann durch Non-Disjunction bei den mitotischen Teilungen während der Keimzellbildung von Mann und Frau auftreten.

Übrigens...
Für die gonosomalen Chromosomen gibt es einige Unterschiede (s. Non-Disjunction, S. 31).

Das ist aber nicht der einzige kritische Zeitpunkt: auch während der Furchungsteilungen der Zygote können Störungen auftreten, wodurch ein **Mosaik-Organismus** entstehen kann. Unter einem Mosaik versteht man hier die Anwesenheit von Zellen, die sich durch ihre Chromosomenzahl unterscheiden. Von diesen numerischen Aberrationen sind also nicht alle Zellen des Körpers betroffen, sondern nur die Nachkommen der Zellen, in denen bei den Furchungsteilungen eine Fehlverteilung stattgefunden hat.

Folgende Tabelle listet die wichtigsten numerischen Aberrationen auf. Die klinischen Aspekte sind nicht prüfungsrelevant und deshalb auch nicht mit aufgeführt.

Pätau-Syndrom	autosomale Trisomie (= Chromosom 13)
Edwards-Syndrom	autosomale Trisomie (= Chromosom 18)
Down-Syndrom	autosomale Trisomie (= Chromosom 21)
(Ullrich)-Turner-Syndrom	gonosomale Monosomie (= X0)
Klinefelter-Syndrom	gonosomale Trisomie (= XXY)
Triple-X-Syndrom	gonosomale Trisomie (= XXX)
XYY-Syndrom	gonosomale Trisomie (= XYY)

Tabelle 13: Chromosomenaberrationen

Übrigens...
Das zweite Y – Chromosom beim XYY-Syndrom bezeichnete man früher als **Verbrecherchromosom**, weil angeblich unter Kriminellen gehäuft Fälle dieser Chromosomenverteilung auftreten. Diese Theorie wurde aber widerlegt. Die Kinder gelten weitgehend als körperlich und geistig unauffällig.

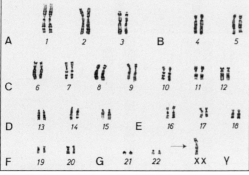

Abb. 43: Turner-Syndrom: Es gibt 44 Autosomen, aber nur ein Gonosom (=1 X-Chromosom)

Der Nachweis des Geschlechts oder einer numerischen Aberration gonosomaler Chromosomen kann auch über Barr-Körperchen und F-Bodies erbracht werden:
- Bei einem **Barr-Körperchen** handelt es sich um ein kondensiertes X-Chromosom der Frau. Man kann solche Körperchen schon lichtmikroskopisch an Zellkernen eines Mundschleimhautabstriches sehen. Eine Karyogrammanalyse ist hier also nicht nötig.
- Die **F-Bodies** sind die langen Arme der Y-Chromosomen, die sich mit fluoreszierenden Farbstoffen besonders gut anfärben lassen und leuchten. Besitzt ein Karyogramm also ein Y-Chromosom, hat es auch einen F-Body.

Übrigens...
Warum entwickeln Frauen Barr-Körperchen? Um normal zu funktionieren, muss der weibliche Organismus ein X-Chromosom zu fakultativem Heterochromatin inaktivieren. Dieses Phänomen nennt man Lyon-Hypothese. Demnach ist die Wahl des zu inaktivierenden X-Chromosoms zufällig, geschieht aber schon während der Frühphase der Embryonalentwicklung. Als Grund wird ein Gen-Dosis-Ausgleich angenommen. So wird garantiert, dass bei beiden Geschlechtern Genprodukte der X-Chromosomen in etwa gleicher Menge vorhanden sind. Anders ausgedrückt: der Mann besitzt ein X-Chromosom, die Frau zwei. Um die Männer nicht völlig zu benachteiligen, inaktiviert die Frau netterweise ein X-Chromosom. Auf dem Y-Chromsom finden sich relativ zum X-Chromosom kaum Informationen (genauer: nur für knapp 80 Proteine).

Diese Tabelle fasst das Vorkommen von Barr-Körperchen und F-Bodies zusammen:

	Karyogramm	Barr-Körperchen	F-Body
gesunder Mann	46, XY	nein	ja
gesunde Frau	46, XX	ja (1)	nein
(Ullrich)-Turner-Syndrom	45, X0	nein	nein
Klinefelter-Syndrom	47, XXY	ja (1)	ja
Triple-X-Syndrom	47, XXX	ja (2)	nein
XYY-Syndrom	47, XYY	nein	ja (2)

Tabelle 14: Vorkommen von Barr-Körperchen und F-Bodies

Strukturelle Chromosomenaberrationen

Strukturelle Chromosomenaberrationen kommen im Vergleich zu numerischen relativ selten vor.

Je nach Umbauvorgang an den Chromosomen unterscheidet man:

Übrigens...

Im Gegensatz zu numerischen sind strukturelle Chromosomenfehlverteilungen nicht immer im Lichtmikroskop nachweisbar, da sich eine Störung erst ab einer bestimmten Größe erkennen lässt.

Deletion	Verlust eines Chromosomenabschnitts; Beispiel: Katzenschrei-Syndrom = Deletionssyndrom, bei dem der kurze Arm von Chromosom 5 verloren geht		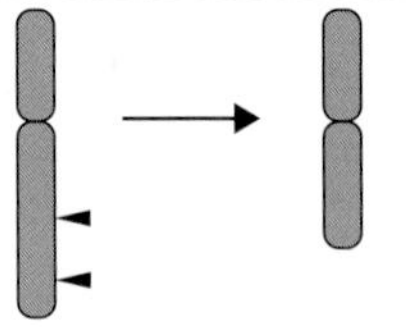 Deletion
Duplikation	Wiederholung einer Sequenz auf einem Chromosom; auf dem homologen Chromosom fehlt diese Information		Duplikation
Inversion	Drehung eines Chromosomenstücks um 180 Grad; • parazentrische Inversion = die beiden Brüche sind auf einer Seite des Zentromers lokalisiert • perizentrische Inversion = die Bruchorte sind auf beiden Seiten des Zentromers zu finden		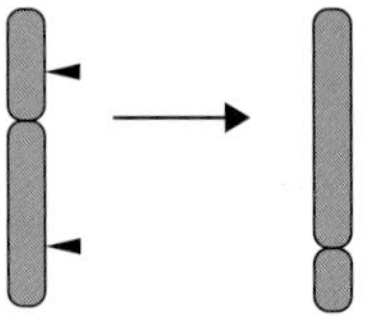 perizentrische Inversion
Translokation	• reziproke Translokation = wechselseitiger Segmentaustausch zwischen heterologen Chromosomen, • nichtreziproke Translokation = ein Stück eines Chromosoms wird auf ein anderes übertragen (keine Wechselseitigkeit), • Robertson-Translokation/zentrische Fusion = aus zwei akrozentrischen Chromosomen wird ein metazentrisches Chromosom, die abgespaltenen kurzen Arme gehen meist verloren, die Gesamtchromosomenzahl reduziert sich auf 45; diese Art der Translokation bleibt phänotypisch meist ohne Konsequenz		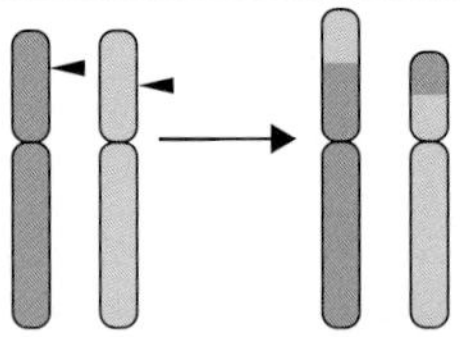 reziproke Translokation 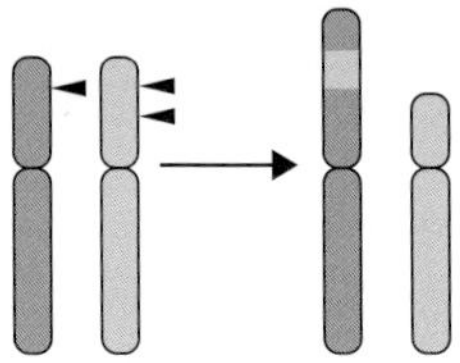 nicht reziproke Translokation 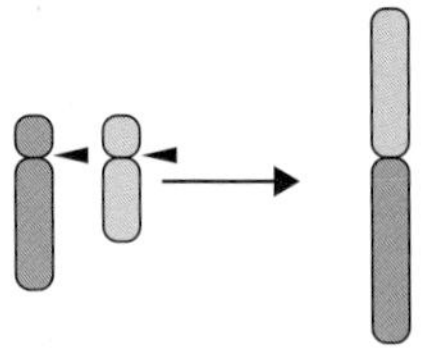 Robertson-Translokation (= zentrische Fusion)

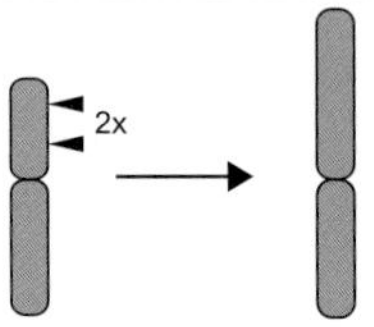

Abb. 44: Strukturelle Chromosomenaberrationen

Index

Symbole
(Kern-)Membran 13
(Ullrich-)Turner-Syndrom 45
70S-Ribosomen 15
70S- (= prokaryontische) 21
80S- (= eukaryontische) 21
α5β4-Integrin 8
α-Aktinin 5

A
Akrosom 30
Ankyrin 12
Astrozytom 11
A-Tubulus 10
Adaptation 32, 33
Adenin 35, 41
Akrosomen 21, 22
akrozentisches Chromosom 46
Aktin 5, 8, 9, 12, 21
Aktinfilamente 5, 7
Aktin Vinculin 7
Amitose 27
amöboide Zellbewegung 11
amphipathisch 2
amphiphil 2
Anaphase 27
Anticodon 39, 41
Apoptose 21, 32, 33
Äquatorialebene 33
Atmungskette 15, 21
Atombindungen 3
ATP-Synthese 15
Atrophie 32, 33
Auto- vs. Heterolysosomen 22
Autolysosomen 20, 22
Autosomen 30, 42, 44
 autosomale Trisomie 45
Axonema 30

B
Band 3 12
Barbiturate 18
Blasensucht 6
B-Tubulus 10
Barett 32

Barr-Körperchen 45
Basalkörperchen 11
Basenpaarungen 41
Basensequenz 39, 41
Bauchhöhlenschwangerschaft 31
Becherzellen 7
Befruchtung 31
Beta-Oxidation 15, 21
Bilayer 2
biologische Membranen 1
Biotransformation 18, 22
Blastem 32
Bürstensaum 7

C
Cadherine 5, 7
 - E-Cadherine 5
 - N-Cadherine 5
 - P-Cadherine 5
Capping 38, 39, 41
Carboxylierung 40
Cardiolipin 15
Caspasen 14, 21, 32, 33
Chemotaxis 11
Chiasmata 29
Cholesterin 1, 3
Chromatiden 26
 - Schwesterchromatiden 27, 30, 31, 33, 44
Chromatin 42, 43
Chromosomen 13, 26, 29, 33, 42
 - akrozentrische 46
 - diploide 26, 28, 29
 - homologe 29, 31, 33
 - metazentrische 46
Chromosomenabberation
 - numerische 44, 45
 - strukturelle 46
Chromosomensatz 26, 28, 29
 - diploid 26
 - haploid 26
cis-Doppelbindungen 3
cis Golgi Apparat 19
Citratzyklus 15, 21
Clathrinmoleküle 20, 22
coated Pit 20, 22
coated Vesicle 20, 22
Code-Sonne 35, 36, 41
Codon 35, 36, 39
Colchizin 10, 44
Connexin 6, 7

Connexon 6, 21
Corona radiata 21
Cristae-Typ 14
Crossing-over 29, 33
Cytochrom C 14
Cytochrom c Oxidase 15
Cytochrom P450 18
Cytokinese 27, 33
Cytosin 35, 41
C Tubulus 10

D

Darmzelle 7
Deletion 46
Desmin 11
Desmogleine 5, 6, 7
Desmoplakin 6, 7
Desmosom 5, 7, 22
Desoxyribonucleinsäure. *Siehe* DNA
differenzielle Zellteilung 31
Diktyosomen 19
Diktyotän 31
Disulfidbrücken 40
DNA 21, 34, 35, 41
 - bakterielle DNA 15
 - DNA-Gehalt 27
 - Kern-DNA 15
 - mtDNA 15, 16, 21
 - repetitive 35
DNA-abhängige RNA-Polymerase 38
DNA-Ligase 37
DNA-Polymerase 37
Doppelhelix 34, 35
Doppelmembran 21
Down-Syndrom 45
Duplikation 46
Dynein 10, 21

E

Edwards-Syndrom 45
Einheitsmembranen 1, 2
Eizelle 31
Ektoplasma 11
Endomitose 27
endoplasmatisches Retikulum 17, 18, 22
Endosymbiontentheorie 15, 22
Enterozyt 7
Entoplasma 11
Epithel 7

Epithelzelle 4, 5, 22
Erythrozyt 12
 - Verformbarkeit 12
Erythrozyten 14
Euchromatin 13, 22, 43
Exons 39
Exonuclease 37
Exzisionsreparatur 37

F

F-Bodies 45
Fettsäuren 3
 - Kettenlänge 3
 - Sättigungsgehalt 3
Fettstoffwechsel 19, 22
Fibrolasten 27
Fibronektin 8
Fimbrin 9
Flip-Flop 3, 4
Flipasen 3
Fluid-Mosaik-Modell 4, 22
Fluid-Mosaik-Modells 5
Fluidität 3
Fluiditätspuffer 3
Furchungsteilungen 44

G

G_0-Stadium 25
G_1-Phase 25, 27, 33
G_1/S-Kontrollpunkt 25
G_2-Phase 25, 26, 33
G_2/M-Kontrollpunkt 26
Gap Junction (Nexus) 6, 7, 21, 22
Gendichte 43
Gen-Dosis-Ausgleich 45
Gene 34, 35, 42
 - eukaryontische 34
 - redundante 35
Genetik 34
 - Übersicht 34
genetischer Code 15, 35
Genom 13
Geschlechtschromosomen 42
Geschlechtszellen 28, 30
Giemsa-Bandenmuster 43
Glanzstreifen 6
Glial Fibrillary Acidic Proteine (= GFAP) 11
Glycokalix 4
Golgi-Apparat 19, 22, 40

- cis-Seite 19
- trans-Seite 19
Gonosomen: (=Geschlechtschromosomen) 30, 42, 44
- gonosomale Monosomie 45
- gonosomale Trisomie 45
Grenzfläche 2
Guanin 35, 41
Gürteldesmosomen 5

H
H_2O_2 21, 22
Haftplaques 6
Haftplatten 5
haploid 28, 29
Helikase 37
Hemidesmosomen 6, 8
Heterochromatin 13, 22, 43, 45
Heterodimer 9
Heterolysosomen 20, 22
Histon 13, 42, 43
- H1 42
- H2A 42
- H2B 42
- H3 42
- H4 42
Histone 26
hnRNA 38, 41
Hybridisierungen 39
hydrophil 2
hydrophob 2
Hydroxylierung 40
Hyperplasie 32, 33
Hypertrophie 32, 33

I
Integrine 8
Intermediärfilamente 6, 7, 9, 11, 21, 22
Intermembranraum 21
Interphase 25, 29, 33, 43
Interzellularraum 5
Introns 35, 39
Inversion 46
- parazentrische Inversion 46
- perizentrische Inversion 46

J
junktionaler Komplex 7

K
Karyogrammanalyse 44
Karyolyse 32
Karyoplasma 13
Karyorrhexis 32
Karyotyp 44
Katalase 21, 22
Katzenschrei-Syndrom 46
Kernäquivalent 30
Kern-Plasma-Relation 14
Kernhülle 13, 21
Kernkörperchen 13, 21
Kernlamina 13, 21
Kernporen 13, 21
Kernpyknose 32
Kinesin 10, 21
Kinetochor 43
Kinetosom 11
Kinozilien 10, 21
Kleeblattstruktur 36
Klinefelter-Syndrom 45
Kollagen 8
Kompartimente 1
Kompartimentierung 21
Kopplung 6
- elektrische 6
- Informations- 6
- metabolische 6
kovalent 3
kovalente Verbindung 38

L
Lamine 11, 13
laterale Diffusion 3, 4
Lecithin 2
limitierte Proteolyse 39, 41
Linker-DNA 42
Lipide 1
Lipofuszin 21
lipophil 2
lipophob 2
Liposom 2, 3
Lymphozyten 44
Lyon-Hypothese 45
Lysosomen 20, 22
- primäres Lysosom 20, 22
- sekundäres Lysosom 20, 22
Lysosomenäquivalent 30

M

maternale Vererbung 31
Mittelstück 30
M-Phase 25, 26, 33
Macula adhaerens 5, 21, 22
Mannose-6-Phosphat 19
Matrixraum 14, 15
Meiose 28, 31, 33
Membran 1, 2, 3, 4
- biologische Einheitsmembran 1, 2
- Doppelmembran 2
- Fluidität 3
- Mitochondrienmembran 14, 15
- zytoplasmatische Seite 4
Membranfluss 17
Metaphase 27, 31, 33, 44
Metaplasie 32, 33
metazentrisches Chromosom 46
Microbodies 21
Mikrofilamente 9, 21, 22
Mikrotubuli 9, 10, 11, 21, 22, 43
Mikrotubulus (= Singulette) 9
Mikrovilli 7, 9
Minibanden 43
Mitochondrien 14, 15, 16, 21, 22
- Cristae-Typ 14
- Mitochondrienmembran 14, 15
Mitochondrienmembran
- Tubulus-Typ 14, 15
Mitose 25, 26, 33, 37, 43, 44
Mitosespindel 11, 43
Mitosestadien 26, 33
Mizellen 2
Monolayer 2
Monosomie 44, 45
- gonosomale Monosomie 45
Mosaik-Organismus 44
mRNA 34, 37, 39, 41
mRNA-Reifung 34

N

Nährmediumentzug 27
N-Glykosylierung 40
Nucleolus 12
Nekrose 32, 33
Neurofilamente 11
Neurotubuli 10
Nexus 6
Nichthistone 42
Nisselschollen 17

Non-Disjunction 31, 33, 44
- X-Chromosomen 31, 33
- Y-Chromosomen 31, 33
NORs (= Nucleolus-Organizer-Regions 13
Noxen 32
- endogene 32
- exogene 32
Nucleinsäuren 34, 41
Nucleolus 13, 21
Nucleosom 42
Nucleotid 35, 36

O

O-Glykosylierung 19, 40, 41
Occludine 5, 7, 21
Okazaki Fragmente 37
Oozyte 1. Ordnung 31
Oozyte 2. Ordnung 31
Ösophagus 32
Ovulation 31

P

p-Arm 43
parazellulärer Transport 5
parazentrische Inversion 46
Pätau-Syndrom 45
Pemphigus vulgaris 6
Permeabilitätsbarriere 5, 21
Peroxidase 21, 22
Peroxisomen 21, 22
Phagozytose 20
Phospholipid 1, 2, 3, 22
Phosphorylierung 40, 41
Pinozytose 20
Plakoglobin 6, 7
polar 2
Polkörperchen 31
Poly-A-Sequenz 39
Poly-Adenylierung 39, 41
Polysomen 16
Posttranslationale Modifikationen 19, 39, 41
- limitierte Proteolyse 39
- N-Glykosylierung 40
- O-Glykosylierung 19, 40, 41
- Phosphorylierung 19, 40, 41
- Sulfatierung 19, 40, 41
Primer 37
Processing 39
Promotorregion 38, 41

Prophase 27
Proteasom 14, 21
Protein 4.1 12
Protein 4.2 12
Proteine 4, 5, 7, 15, 16, 17, 19, 21, 22
- Exportproteine 16, 17, 22
- lysosomale Proteine 16, 17, 22
- Membranproteine 5, 16, 17
- nucleäre Proteine 13, 16
- Transportproteine 4
- Verbindungsproteine 7
Protofilamente 9
Pseudopodien 11
Purinbasen 35, 41
Purine 35
Pyrimidinbasen 41
Pyrimidine 35

Q
q-Arm 43

R
Redundanz 35
Reifeteilung 29, 33
- 1. Reifeteilung 29, 31, 33
- 2. Reifeteilung 29, 31, 33
Rekombination 29
Replikation 26, 34, 35, 37, 41
Replikationsenzyme 25
Replikationsgabel 37
rER (= raues endoplasmatisches Retikulum) 16, 17, 19, 21, 40
Rezeptoren 1, 20
Rezeptor vermittelte Endozytose 20, 22
Ribosomen 13, 15, 16, 17, 18, 21, 22, 37, 39, 41
- 70S 15, 16, 21
- 80S 15, 16, 21
- freie Ribosomen 16, 21, 22
- membrangebundene Ribosomen 16, 21, 22
- mitochondriale Ribosomen 15, 16, 22
- Sedimentationskoeffizienten 16
- Untereinheit 16
Rifampicin 18
RNA 13, 21, 33, 34, 36, 41
- hnRNA(= heterogene nucleäre RNA) 34, 37, 38, 41
- mRNA(= messenger RNA) 16, 17, 34, 37, 39, 41
- rRNA(= ribosomale RNA) 13, 16, 35, 37, 41
- scRNA(= small cytoplasmic RNA) 17, 37, 41
- snRNA(= small nuclear RNA) 37, 39, 41
- tRNA(= transfer RNA) 37, 39, 41
Robosomen
- 70S 15
rRNA 13, 16, 35, 37, 41
Ruptur 32

S
Spectrin 12
Spermien 30
- Halsteil 30
- Kopf 30
- Schwanz 30
Sphärozytose (Kugelzellanämie) 12
S-Phase 26, 33
sarkoplasmatisches Retikulum 19
Schleifen 42, 43
Schlussleistenkomplex 7
scRNA (= small cytoplastic RNA) 17, 37, 41
semikonservativ 37, 41
sER (= glattes endoplasmatisches Retikulum) 17, 18, 22
Signalpeptid 17, 19
Signalpeptidasen 18, 19
Signalsequenz 18
Signalzucker 19
snRNA 37, 39, 41
Solenoid 42, 43
Spermatozoen 30
Spermatozyte 1. Ordnung 30
Spermatozyte 2. Ordnung 30
Spermiogenese 30
spezifisches Milieu 1
Spindelapparat 25, 27, 44
Spleißen 37, 39, 41
Spleißosomen 39
SRP-Rezeptor 18
SRP (= Signal Recognition Particle) 17, 18, 41
Stammzellen 31
Startcodon 36
Stoppcodons 36, 39, 41
Sulfatierung 40, 41
Synzytium 27

T

Teilungsebene/Äquatorialebene 27, 33
Telophase 27, 33
terminale Differenzierung 25
Terminatorregion 38
Thymin 35, 36, 38, 41
Thymin-Dimere 38
Tight Junction 5, 22
Tigroid 17
TIM 15
Tochterzellen 26, 27, 33
TOM 15
Tonofilamente 8
Transkription 34, 37, 38, 41
Transkriptionsfaktoren 38
Translation 34, 39, 41
Translocon 17, 18
Translokation 46
- nichtreziproke Translokation 46
- reziproke Translokation 46
- Robertson-Translokation 46
transporter inner membrane 15
transporter outer membrane 15
Transzytose 20
Triple-X-Syndrom 45
Triplette , 10, 11, 35
Trisomie 44, 45
- autosomale Trisomie 45
- gonosomale Trisomie 45
tRNA 37, 39, 41
Tubuline 9, 21
- Alpha- und Betatubuline 9
Tubulus-Typ 14, 15

U

Ubiquitin 14, 21
Ullrich-Turner-Syndrom 45
unpolar 2
Uracil 36, 38, 41
UV-Exposition 38

V

Van-der-Waals-Kräfte 2, 3
Verbrecherchromosom 45
Vesikel 2, 3, 16, 19
Villin 9
Vimentin 11
Vinblastin 10
Vincristin 10

Vinculin 5

W

Wasserstoffbrückenbindungen 2, 35
Wasserstoffperoxid (=H2O2) 21

X

X-Chromosom 31, 42, 44, 45
XYY-Syndrom 45

Y

Y-Chromosom 31, 42, 44, 45

Z

Zellkultur 27
Zell-Matrix-Kontakte 8
Zell-Zell-Kontakte 4, 8, 21, 22
Zellfusion 27
Zellkern 13, 21
- funktionelle Zellkernschwellung 13
Zellmembran 1, 22
Zellorganellen 14, 21
Zellpol 5
- apikaler 5, 9
- basolateraler 5
Zellpolarität 5
Zellteilung 25, 32, 33
Zelltod 32, 33
Zellzyklus 25, 33, 37
Zentriole 30
Zentriolen 11, 27
zentrische Fusion 46
Zentromer 43
Zisternen 19
Zona pellucida 21
Zonula adhaerens 4, 5, 7, 21, 22
Zonula occludens (Tight Junction) 4, 5, 7, 21, 22
Zucker 4
Zuckerbaum 19
Zyankali 15
Zygote 28, 29
Zytokeratine 11
Zytoplasma 13, 14, 21
Zytoskelett 9, 21, 22
Zytostatika 25

Die Webseite für Medizinstudenten
www.medi-learn.de & junge Ärzte

Die MEDI-LEARN Foren sind der Treffpunkt für Medizinstudenten und junge Ärzte – pro Monat werden über 10.000 Beiträge von den rund 18.000 Nutzern geschrieben.
Mehr unter www.medi-learn.de/foren

Der breitgefächerte redaktionelle Bereich von MEDI-LEARN bietet unter anderem Informationen im Bereich „vor dem Studium", „Vorklinik", „Klinik" und „nach dem Studium". Besonders umfangreich ist der Bereich zum Examen.
Mehr unter www.medi-learn.de/campus

Einmal pro Woche digital und fünfmal im Jahr sogar in Printformat. Die MEDI-LEARN Zeitung ist „das" Informationsmedium für junge Ärzte und Medizinstudenten. Alle Ausgaben sind auch rückblickend online verfügbar.
Mehr unter www.medi-learn.de/mlz

Studienplatztauschbörse, Chat, Gewinnspielkompass, Auktionshaus oder Jobbörse – die interaktiven Dienste von MEDI-LEARN runden das Onlineangebot ab und stehen allesamt kostenlos zur Verfügung.
Mehr unter www.medi-learn.de

Jetzt neu - von Anfang an in guten Händen: Der MEDI-LEARN Club begleitet dich von der Bewerbung über das Studium bis zur Facharztprüfung. Exklusiv für dich bietet der Club zahlreiche Premiumleistungen.
Mehr unter www.medi-learn.de/club

www.medi-learn.de

Eure Meinung ist gefragt

Unser Ziel ist es, euch ein perfektes Skript zur Verfügung zu stellen. Wir haben uns sehr bemüht, alle Inhalte korrekt zu recherchieren und alle Fehler vor Drucklegung zu finden und zu beseitigen. Aber auch wir sind nur Menschen: Möglicherweise sind uns einige Dinge entgangen. Um euch mit zukünftigen Auflagen ein optimales Skript bieten zu können, bitten wir euch um eure Mithilfe.

Sagt uns, was euch aufgefallen ist, ob wir Stolpersteine übersehen haben oder ggf. Formulierungen präzisieren sollten. Darüber hinaus freuen wir uns natürlich auch über positive Rückmeldungen aus der Leserschaft.

Eure Mithilfe ist für uns sehr wertvoll und wir möchten euer Engagement belohnen: Unter allen Rückmeldungen verlosen wir einmal im Semester Fachbücher im Wert von 250,- EUR. Die Gewinner werden auf der Webseite von MEDI-LEARN unter www.medi-learn.de bekannt gegeben.

Schickt eure Rückmeldungen einfach per Post an MEDI-LEARN, Olbrichtweg 11, 24145 Kiel oder tragt sie im Internet in ein spezielles Formular ein, das ihr unter der folgenden Internetadresse findet: www.medi-learn.de/rueckmeldungen

Vielen Dank
Euer MEDI-LEARN Team